U0154498

環境風險與公共治理
探索台灣環境民主實踐之道

● 杜文苓 著

在這本書的撰寫過程中,伊波拉病毒、空難、氣爆、人質綁架、禽流感等充斥著新聞版面。科技日新月異,媒體資訊發達,讓身處於不同空間的人們特別有平行世界的違和感。災難似遠又近,任誰也料想不到高雄繁華的街道會是石化大氣爆發生之所在,想要轉型蛻變的高雄,時時處在空污警示的紅旗下;台灣賴以為豪的夜市文化、糕餅傳統,在餿水油風暴底下受災慘重;緊鄰六輕美輪美奐的小學,學童身上檢出高風險的致癌物;台積電在台中大肚山的設廠環評一波三折,中部地區的空污總量超標問題浮出檯面。

這是一個風險社會,如同2015年初甫離世的德國社會學巨擘Ulrich Beck分析當代文明發展所提出的洞見,風險伴隨科技發展而來,未知的危害無所不在,傳統對於知識的掌握方式以及決策模式,無不受到莫大的挑戰。不幸地,台灣社會這幾年來面對的風險災害,卻是具體而微的見證了Beck的觀察。君不見,人謀不臧所造成的災害頻頻發生,一件比一件駭人聽聞,但重大災難事件還未來得及檢討,更加驚悚的劇情隨即加碼演出。災害的循環迫使我們疲於奔命地針對單一事件救火,然後精疲力竭地忘卻我們掌握風險、應對風險與預防風險的貧乏,著實印證了Beck對於現代政治機構與制度處理風險窘境的批評。

該是系統性檢討我們對於科技風險的知識掌握與處理方式的時候了,而這樣的檢討,必須立基在對台灣環境系統運作問題的指認,以及國際風險治理趨勢的掌握與辯證上,才有可能找到治理轉型的方向與契機。因此,這本書的寫作目的,不在包山包海的描述台灣環境問題,而是希望透過幾個重大環境事件的深度考察,描繪出台灣環境治理樣貌,探究與詮釋台灣環境風險問題的本

質。並從風險社會的視野出發，借用科技與社會、後實證政策分析等批判理論視角，省視台灣目前所採行的環境影響評估與管制制度的挑戰，深入解析科學專業於環境決策中的角色，以進一步摸索風險社會的治理策略與環境民主實踐之道。我深切的期盼，從釐清與理解傳統政策制度的侷限，討論替代性政策發展的方向，可以提供台灣未來政策擬定與制度改革更多的想像。

　　本書的寫作與各章的集成，是本人近五年來部分研究成果的呈現。相關資料的蒐集，受益於多個國科會（現改稱為科技部）所贊助的研究計畫，包括《科技風險與環境治理：以台灣高科技製造業群聚地為例》（97-2410-H-128-025-MY2）、《環評爭議中之科學評估與風險溝通：環境預警制度實踐之探討》（NSC 99-2410-H-004-229-MY2）、《環境決策中的知識建構、專家與公眾》（NSC 101-2628-H-004-003-MY3），與《核能安全之風險溝通》（NSC 102-NU-E-004-002-NU）等，以及來自中研院支持的《台灣地方環境史與地方永續發展問題：五都三縣的研究》，與行政院研考會（現改為國發會）支持的《環境保護權責機關合作困境與改善策略之研究：以六輕與竹科為例》研究計畫（RDEC-RES-102-013-002）。而能將累積多年的資料進行系統性的整理出版，更要感謝「中華民國頂尖大學策略聯盟與美國柏克萊加州大學學術合作計畫」的支持，使我在美國加州得以專心寫作與拓展研究，進而豐富了本書的思考與內涵。

　　這本書的材料，有許多改寫、整理來自之前期刊登過、或會議宣讀過的文章。我感謝所有針對收錄文章所提供過的評論與審查意見，這些寶貴的建議，促使本書內容的呈現更趨成熟完善。而五南圖書出版公司兩位匿名審查者針對本書所提出的建議、批判與期許，也在此一併致謝。這本書得以順利完成，更要感謝所有參與研究計畫的助理們，包括許靜娟、張家維、施佳良、王馨儀、蔡宛儒、何俊頤、張景儀、黃郁芩、謝執侃、林靖芝、呂家華、黃靜吟、易俊宏、關亦然等，在計畫執行過程中，從蒐集資料、田野調查到討論分析等各項工作的協助。整個研究工作需要耗時費力的勤跑田野現場，沒有這些得力助理的幫忙，研究不可能順利完成。這本書的出版，是我們研究團隊共同努力的結

晶。感謝這個過程中，助理們相互支持、切磋與認眞的投入，使我們總能克服研究中所遇到的種種難題，一同分享成長的喜悅。

　　我要感謝與我同在政大與曾在世新共事的同事們，對我的鼓勵、寬容與支持，使我總能在學院環境中感受到正面的力量而全力以赴。我同時也要感謝長期以來在環保運動中一起努力的伙伴們，在社會實踐的道路中激發我對研究更寬廣的想像，並琢磨出更具社會意義的研究提問。更要謝謝這幾年陪伴我一起成長的STS社群，參與社群討論，擔任〈科技、醫療與社會〉（STM）的主編，使我有機會更深入接觸這個令人著迷的知識體系，啓迪我嶄新的研究分析視野。這本書的出版，當然也要謝謝五南圖書出版公司的劉靜芬副總編輯，快速而精確地透過電郵往返，協助本書編排、校對等各項出版行政事宜。

　　最後，我要感謝我的家人們，尤其是我的父母，沒有他們對我與賀雅在生活上的照顧與支援，我無法全心投入我喜好的工作。謝謝仁聰分擔家務的體貼與時而找我鬥嘴的意見碰撞，讓我可以從不同角度看待事情；也感謝賀雅的懂事、慧點與適應變動環境的能力，讓身爲母親的我在陪伴成長之餘，始終能保有一些獨立自由空間，爲理想實踐貢獻一點心力，而倍感幸運！

杜文苓

1/31/2015

美國加州

目　錄

第一節　風險社會與傳統公共治理

　　2014年8月初，台灣發生了近年來傷亡最爲慘重的石化氣爆事件。原本熱鬧的高雄街區，一時之間宛如戰場，居民夜宿緊急收容所避難。而除了氣爆沿線的受災戶被嚴重波及外，高雄市的消防隊員與環保署的毒災應變隊員更是傷亡慘重。事件發生後，國人才赫然發現，原來高雄市的精華街區竟座落在石化原料的輸送管線上，在地下管線資訊不明下，消防與毒災應變人員第一時間找不到漏氣源頭，成爲救災的第一線犧牲者。地下錯綜複雜的管線黑盒子還未解開，行政院、經濟部卻提出在高雄海邊設立「石化專區」，作爲處理市區氣爆風險的替代方案，好似集中管理的「石化專區」可以降低市民所承受的風險。

　　但是，幾近同時，位於濁水溪南岸的雲林麥寮六輕石化工業區，爆發出附近學童的尿檢結果，發現學童體內存有一級致癌物氯乙烯單體（VCM），一些測值濃度並直逼高暴露勞工。[1]事實上，近年來六輕的風險爭議從未間斷，地方長期抱怨六輕附近空氣品質惡化，學童戴口罩上課新聞更是屢見不鮮。從高雄到雲林，環顧台灣石化廠區附近的狀況，空污與氣爆似乎早已見怪不怪，癌症風險更長期籠罩，弊大於利是生活揮之不去的現實感。

　　不過，政府或企業在面對民眾的污染質問與抗議時，卻常常以科學不確定、還需要更多的評估、調查與研究、或致癌物來源多重等來回應。以六輕旁

---

[1]　可參見張文馨，2014/8/13，〈六輕污染 學童一級致癌物爆量〉，風傳媒。取自http://www.stormmediagroup.com/opencms/event/card_stacks/FPCC_Cancer/index.html以及國家衛生研究院網站上2014/8/18所張貼之「給許厝國小家長的一封信」。取自http://www.nhri.edu.tw/NHRI_WEB/nhriw001Action.do?status=Show_Dtl&nid=20140818367506550000&uid=20081204954976470000

的橋頭國小許厝分校爆發高濃度致癌物暴露值的爭議為例，當家長看到孩子被驗出濃度甚高，卻表示「博士一再強調全世界都沒有正常值，我們也不知道這樣的數字到底嚴不嚴重，聽起來好像問題不大，所以『應該沒關係吧』？」而國衛院研究員強調TdGA與學童「空氣、水質、食品容器、塑膠袋……」有關；台塑集團表示，六輕旁學童體內致癌物較多，可能是吃維他命、吃塑膠袋內的食物、吸二手菸等生活習慣造成。雲林縣衛生局則回應，需要更多調查來瞭解問題。[2]

上述例子呈現了無法有效回應環境健康風險的無力感，似乎驗證了德國社會學家Ulrich Beck於1986年出版「風險社會」所提的洞見：人類對於當代社會變遷，有一種無法掌握外在危險處境的可計算性，也還不清楚什麼樣的政策或制度可以妥善處理風險加劇問題，即便在政治上有許多的討論，但如何處理風險相關問題的政治權能與制度，仍處於「真空」狀態（汪浩〔譯〕，Beck〔原著〕，2004：47）。

Beck提出風險社會的彼時，歐洲還在面對車諾堡核災所帶來的衝擊，這個距離歐洲有數千公里之遠的核能災變，凸顯了風險的不可預測性，以及人類掌握風險的侷限性。但時至21世紀的今日，我們在現實生活中所面對的各式風險，從攸關一般民生食品健康的餿水油、毒澱粉、塑化劑等事件，工業污染所造成對環境、人體健康的破壞影響，到全球暖化、核能災變等問題，無法預料到的災難危機層出不窮，後續應變處理更是捉襟見肘，在在印證了Beck對於當代風險背後一種政治體系「組織性不負責任」（organized irresponsibility）的批評。

誠如Beck所強調，當代風險的產生，是依附於現代化科技創新與投資過程，與政治決策息息相關。而傳統政策制訂與決策模型，深受科學實證主義的影響。Lasswell於1950年代發表〈政策導向〉（The Policy Orientation）一文，

2　原文可參見吳松霖，2014/9/6，〈這份報告的曝癌風險 嚇壞家長！〉，自從六輕來了電子報。取自http://fpccgoaway.blogspot.tw/2014/09/blog-post_93.html

提出政策科學具有「問題導向、跨學科、方法論上的嚴謹、理論上的嚴謹與價值取向」等特徵（蘇偉業〔譯〕，Smith and Larimer〔原著〕，2010：7），從此奠定了一個以科學方法研究公共政策的取徑，也開展了對政策本身科學理性的追求。影響所及，強調價值中立、重視數據資料，以及運用模型化分析等實證邏輯研究取徑，逐漸成為政策分析的主流。而此取徑將「客觀知識」與「主觀價值」截然二分，更試圖將政策分析界定在技術層次，以擺脫政治與利益衝突的影響。Nelkin（1975）即指出，政策制訂者喜歡將他們的決定界定為技術而非政治，這使得決策看起來理性、客觀而有效率，可以擺脫利益紛擾。

相較於其他知識的生產方式，科學知識的產生過程可以原則化、組織化與邏輯化（Jasanoff, 2004b），其強調客觀中立不帶價值判斷的色彩，在傳統決策模型中扮演重要的角色，不僅成為決策程序的設計核心，也常是決策正當性的支柱。面對複雜難解，甚至所知有限的如酸雨、氣候變遷、生物多樣性、污染、健康風險等相關環境公共議題，政策體系期待透過一種嚴謹客觀方法取得的知識，作為決策判斷的基礎。強調標準化與客觀性的科學知識，因而產生強大的政策說服力（Keller, 2009）。

將科學以一種線性模型的方式引入行政決策程序中，從確認問題、到資料蒐集與變項控制，得出量化模型與預測結果，再進行成本效益等評估分析，考量各類因素等權重衡量，被認為可以得出最佳政策方案（Sarewitz, 2000）。而科學家在實驗室中透過嚴格的環境控制、遵循嚴謹的資料蒐集與變項控制過程，經由不斷試誤取得回答科學假設的數據與論述，提供許多問題的解答，更被視為是確認事實與瞭解真相的重要權威（林宗德〔譯〕，Latour〔原著〕，2004）。奠基於實證主義觀點所主導的政治決策脈絡，主導科學理性反覆辯證與科學知識詮釋的專家，理所當然地扮演著處理科技風險的要角（Renn, 2005）。

當科學豎立起中立客觀的旗子，科學家被視為是客觀、有遠見、誠實、嚴謹或理論清晰的人物，將複雜的環境與科技問題交由「專家／科學家」，似乎是再適當不過的事。Jasanoff（1990）的研究即顯示，美國在1970年代大量

立法並成立環保機構管制環境風險，在其管制政治（regulatory politics）的發展史上，科學諮詢委員會的專家們扮演著不可或缺的角色，成為政府治理中重要的「第五部門」。而美國政府中的科學諮詢結構更影響其他國家進行類似的安排，開創了政治與科學關係的新紀元，也影響、轉變政治與科學兩個體系（Weingart, 1999）。台灣既有的研究也顯示，許多科技風險決策高度仰賴以科學實證為基礎的專家政治（周桂田，2002, 2004）。

　　不過，誠如前述例子所指出，面對科技風險的不可預測性與科學不確定性，講究經濟成本效益分析與科學技術理性的傳統決策模式，在現實運作上卻充滿限制與爭議。一些學者認為，將科學以線性模型引入政策程序中，忽視風險社會面與複雜性，並無法解決複雜、多元的公共問題（DeLeon, 1990; Dunn, 1993; Wynne, 1996; Fischer, 1995）。Smith and Larimer即指出，計量分析方法所產生的知識，與現實、混亂及價值驅動的政治世界有所落差（蘇偉業〔譯〕，Smith and Larimer〔原著〕，2010）。蓋風險問題不止牽涉到科學專業化，也含涉風險分配的社會衝突，與價值道德層面的辯證課題；而相關政策決定與科技的發展，更往往重塑了社會資源與風險的配置。瞭解傳統實證主義決策模式的限制後，什麼樣的觀點與理論可以進一步幫助我們更為洞悉環境風險課題呢？

第二節　解構傳統風險決策：批判理論觀點

　　面對各種越來越難以掌控，與潛在危害超出當代科學知識能夠掌握範疇外的各種風險，以及涉及風險分配衝突的當代社會，傳統獨尊科學實證主義的風險管理模式，受到相當大的限制。主要呈現在兩方面：首先，過去的治理典範預設科學／政治兩階段架構，科學負責釐清事實，政治負責依據事實進行政策判斷（Latour, 2004）。但這樣的預設忽視了科學與其他社會元素一樣，是鑲嵌在特定社會的政治、經濟以及文化的脈絡之下，科學並不如常識想像般中立（Davis, 2002）。

　　其次，科學並非萬能，科學工具在面對高度變動和不確定性的自然社會中，能掌握的事實僅有很小的一部分（Hinchliffe, 2001）。在開放系統（例如大氣循環系統或全球暖化的爭論）中，科學的模型系統備受各種未知因素的挑戰，理論模型隨著最新知識的出爐必須不斷修正。隨著科學資訊的增加，有時科學所提出的問題比所給的答案還要多（Sarewitz, 2000）。而過去研究也顯示，科學無法及時釐清辨明早期的警訊，最後所導致的危害，常遠超過我們的想像，如石綿、輻射的風險等課題，時至今日，我們仍不斷要回應新科技所帶來的風險不確定性（Lambert, 2002）。這兩個層次——即科學的社會性與風險的不確定性——動搖著獨尊傳統科學線性決策模式的正當性。

　　Beck（1986）從風險社會看科學知識的不確定性與複雜性，指出科技專家所宣稱的真理常是建立在科學的「假設」與「資料」基礎上，但假設僅是一種推測過程，並不代表完全正確，而資料則是製造生產出來的，所謂的「事實」，也是科學建構出來的，經過不同的電腦，不同的專家，不同的研究實驗室，即會生產出不同的事實。一些研究更指出，風險包含了主客觀不同形式的評估，雖然專家嘗試提供客觀工具評估風險，但往往忽略社會脈絡與價值道德問題，而嘗試將風險在不確定性與猜測操作上簡化，也可能將個人偏見隱沒在不可觀測的計算中（Douglas and Wildavsky, 1982）。因此，將科學知識運用在政策領域中，政府永遠無法在完整的知識下進行決策，甚至在決策過程中，基於不同價值／認同立場的科學社群會針對各自研究發現進行相互批評與競爭。面對科學知識的不確定性，環保團體與政府部門更賦予可進行管制決策的知識不同門檻，致使風險爭議不斷（Kao, 2012）。

　　風險社會概念中對於科學知識的社會建構觀點，與同為批判理論出發的後實證政策分析，以及科技與社會研究觀點相互切合。持後實證觀點的政策分析論者主張，面對常常無法以金錢衡量的風險成本，以及既有科學尚無法掌握的未知性，傳統實證取向的政策分析（如成本效益分析），並無法解決風險決策過程面臨的難題。Sarewitz（2004）認為，環境爭議中的科學研究，無法擺脫被政治化的命運。因為不同的學門與方法，以特定的意義和規範性架構為

基礎，在分別的脈絡下都是正確的；位居不同政治、道德位置的人們，利用這些不可共量的科學事實，支持各自的立場。科學不確定性能占據環境爭議的核心，並不是因為缺乏科學性的理解，而是沒有這些競爭性理解之間的共識，且在政治、文化和體制脈絡中，被放大為更複雜的爭議。

Wagenaar與Cook（2003: 140）也指出，嘗試將不穩定、意識型態驅動，以及充滿衝突的政治世界，放入理性科學的知識規則之中；把「知識」簡化為「技藝」，這樣的政策認識論反而阻礙了我們在政策分析上更深入的探索。誠如Stone在「政策弔詭」一書中指出，政策目標並非總是清楚明確，即使有共同贊成的目標，也可能存在競爭性觀點主張。在政策制訂過程中，決策者常會控制決策相關的選項數目與種類突顯自己的偏愛，運用議題框架的設定或貼標籤的技巧，讓自己偏愛的結果成為唯一選項。在「理性、客觀、中立」的帽子下，可能只是突顯了既定政策擁有最佳分析結果的偏見（朱道凱〔譯〕，Stone〔原著〕，2007）。後實證論者不認為有所謂客觀的政策設計，主張公共政策分析需要瞭解政治景觀及符號的運用，以及價值鑲嵌的問題（蘇偉業〔譯〕，Smith and Larimer〔原著〕，2010），科學研究作為社會元素的一部分，需瞭解其社會脈絡中的角色來進行好的政策設計與決策判斷。因此他主張，唯有透過政治方法闡明環境爭議背後的價值基礎，科學才能進入扮演解決問題的角色。

而近年來興起的科技與社會研究／STS（Science, Technology and Society），也提供另一個視野幫助我們解讀科學在風險社會中扮演的角色。奠基於一個跨越科技史、科學哲學、科學知識社會學、人類學、政治學等學科領域，STS研究探討科學科技發展與社會間的關係，以及其發展方向與風險，主張科技與社會是相互形塑與相互建構，認為普遍原則與去社會脈絡化的科學實作所得到的知識，只能呈現完整事實的一部分。長期關注科學、法律與政策知識互動關係研究的學者Sheila Jasanoff，即強調科學「事實」的社會建構，質疑將風險問題科學特性化可以導出較好政策的預設，挑戰科學事實具客觀標準的正當性見解（Jasanoff, 1990）。相關研究認為科技中立以及科學為純粹追求事

實不考慮任何立場的說法，早已站不住腳。

　　STS觀點反對將科技發展成一般人無可置喙的黑箱運作，認爲此將造成知識權力壟斷的風險，而失去一般民眾檢證以及其他領域對話機會，使專業朝向集中化與自閉化。林崇熙（2008）即指出，飽受享有決策資源優勢者青睞的科技評估，常以「理性」與「去政治化」來排除多元論述，其實就是最爲「政治化」的社會運作。而這樣的風險決策模式，終會導致公眾對於科學的主導、支配以及政策機制的不信任（Wynne, 2001），使我們暴露於更大的風險中。

　　強調個案觀察與田野實地工作，STS研究發展出很多精彩的案例成果，提供我們一個探討當代科技風險的觀點、面向與策略。Wynne（1987）以精彩的英國北部輻射羊爭議案例爲例指出，科學家著眼於標準化的科學實驗，低估牧羊人豐富的在地知識，導致錯誤的風險評估，批評科學研究輕忽研究對象與環境差異的侷限。這個案例顯示，去脈絡化的科學研究對於現實環境問題的解決，往往無法帶來任何確定性的保證或及時化解衝突（Fischer, 2004），而奠基在觀察經驗基礎的常民知識，對於風險的判斷與認知，有時更具參考價值（Wynne, 1996）。

　　一些研究則注意到，宣稱客觀、理性的科學研究，其發展途徑其實深受資本趨力的影響（Hess, 2007）。Wynne（2007a）指出，風險社會變遷的驅動力是「未知」，而非「知識」，當科技承諾帶來不可預測的後果，科學知識沒有時間好好發展並精鍊不同領域的檢測，取而代之的是強調科技創新與商業化對研究的主導性，這種「未知」，使公共政策必須嚴肅面對「不確定性」議題。Lambert（2002）以輻射問題爲例，儘管早期已有科學證據顯示輻射對人體的危害，但一些政策與管制的回應總在不確定的爭議中延遲。在科學爭辯的場域中，最能掌握產品風險資訊的產業界，往往運用科學不確定性的特質，質疑管制的正當性與必要性，影響行政與司法在保護公共健康與環境的積極作爲（Michaels and Monforton, 2005）。既有經驗研究顯示，科學不確定性成爲一種可以被管制者影響政策，甚至規避管制的資源（Rushefsky, 1986；杜文苓，2009）。

　　風險社會、STS研究與後實證政策分析等批判理論，皆主張當今領域分殊化與專業技術化的線性評估模式，並無法掌握或解決複雜的環境生態問題。在此，科學與政治不再被視為截然二分的兩個運作體系，科學不是無涉價值利益的真理追求，而是與政治社會間有著相互交纏的關係。在本書後面章節的討論中，我們借用上述批判理論觀點，檢視幾個台灣重要的環境案例，勾勒出台灣環境決策的問題樣貌。以下，我們繼續深入探討幾個可以指引瞭解台灣環境決策問題的思考面向：有關科學知識產製的政治性，以及專家與常民在政策知識建構中的角色辯證。

第三節　環境決策中的科學、專家與政治

一、科學知識產製的政治性

　　前文提到，Beck的風險社會點出了當代風險是各種工業、法律制度、技術與應用科學等共同運作後所產生的結果，現有的風險計算或經濟補償方法已經很難從根本上解決問題，因為社會目光總是投向生產力的優勢，而這樣的系統決定了風險的盲目性。由於風險的特性常有不可見、不可預測與知識不確定性，導致掌握風險相當不易，也使風險存在與否的問題，往往需要經過相關的專家，透過科學理性方法來認定。不過，現代風險的不確定與不可見性，卻常無法透過強調嚴格因果建立通則的「科學」來證實，社會對於風險存否的認知也因而產生高度的歧異（汪浩〔譯〕，Beck〔原著〕，2004）。

　　Beck這個鉅視的分析，成為我們理解與反思科學知識在當代風險爭議中的侷限一個重要起點，但對於風險攸關的知識生產狀況，缺乏微觀層次分析，對於操作性政策措施的引導有其侷限。相較之下，強調社會建構論的STS取徑，藉由許多具體案例討論當代處理科技風險問題所奉為圭臬的「科學知識」，則細緻的呈現了科學知識的生產與社會價值、運作變遷息息相關，而科學不確定性的理解與處理、風險規範的差異與管制標準的設定等，更無法自

外於社會力與政治力的影響（Pielke, 2007；周任芸〔譯〕，Wynne〔原著〕，2007；Jassanoff, 1990；Wynne, 2007b; Corburn, 2005）。

　　Ascher et al（2010: 10）界定「知識」在環境政策過程中扮演多重角色，可以協助我們「知曉問題、澄清目標與目的、指認與評估替代方案、支持行動方針、提供管理上規則、指導、或行動制訂的參考、決定應用規則，以及評估進度，[3] 而環境政策過程處理的知識，包括生物物理資料與生態界相關行為科學，也有人類、生態健康與自然資源的影響，更包含形塑或回應環境條件與變遷的人類的社會、政治與經濟行為」。從上述定義觀之，Ascher et al對環境決策所需相關知識的界定是廣泛的，他們注意到政策過程對於知識進入決策考量的篩選，而強調政策過程如何選擇「可接受的環境知識」（p. 11），並無一個普世標準，僅只代表了特定的環境知識被當局所採用而得以進入環境決策過程。

　　社會建構論取向特別關心科學技術知識的產製過程與社會因素交織纏繞的關係。這類研究指出，科學知識在公共決策的運用中，往往無法如科技官僚所宣稱的「理性客觀」，在社會實際運作上，也常可看到科學家意見充滿分歧（Douglas and Wildavsky, 1982）。雖然科學主張是環境爭議判准中的的重要元素（如美國法庭在Daubert案中對科學進入法院爭訟程序設定的標準，參見陳信行，2011），但大部分涉及科技專業知識的爭議，並不存在單一的真實。將問題定義解讀成單一故事，通常只是轉移人們的注意力，也忽略了風險的複雜特性與受眾的多樣性（Clarke et al., 2006）。

　　一些研究更進一步分析攸關公眾健康與環境管制的科學證據生產，與社會經濟權力之間的糾葛，指出依賴大量樣本與實驗設備所產出的科學證據，很難不受資本的影響。一些學者注意到反對管制者常以「製造不確定性」（manufacturing uncertainty）與「垃圾科學」（junk science）等策略，運用科學確定

---

[3]　原文為 "it can inform the problem; clarify goals and objectives; identify and evaluate alternatives; support courses of action; prescribe rules, guidelines, or or actions for management; determine which rules ought to be applied, and evaluate progress."

管制物質與健康危害間因果關係不可求之特點，來達成延遲或去除管制之目的
（Michaels and Monforton, 2005; Michaels, 2008）。尤其在環境管制政策中，要
求科學向權力說出事實似乎與經驗法則有所扞格（Jasanoff, 1990）。科學產業
所座落的社會權力結構會對研究結果造成影響，科學本身的假設檢定邏輯，應
用在環境風險評估中，存在相當的侷限，但相關限制卻常在環境管制政策或標
準制定中被忽略（Davis, 2002）。台灣的環境研究也發現，科學在風險決策中
的論辯，受限於決策時程、資金贊助、範疇界定以及資訊不足等因素，只能生
產出有限的知識供決策參考。但掌握論述權的一方，往往主導了科學知識的生
產、詮釋與解讀，影響了管制政策的走向。科學討論中的「不確定」與「未
知」，反而成為不同利益行動者據以各自表述的爭辯工具，而這樣的過程，使
科學專業在政治與價值的角力下威信漸失（杜文苓，2009）。

　　相關研究也觀察大尺度的科學研究趨勢，關注整體科學研究議程走向。
Pielke（2007）指出，科學與科技在二戰期間以及戰後經濟成長的角色，使科
學研究導致社會利益這樣的模型發展與預設並未受到挑戰，但如今在全球競爭
下，政治的課責性往往使決策者傾向於支持短期、小規模且有可預見利益的研
究上。Hess（2007）認為，科學研究的自主性在快速全球化的腳步下，深受資
本邏輯的影響。他觀察到任務導向的學術計畫補助，在科技移轉與產業創新的
號召下，已向國家重點發展產業以及區域產業聚落靠攏。政策管理者以預算、
資源來形塑科學發展走向，決定那些可以且會被執行，那些不被執行。這樣的
科學發展趨勢，使我們必須反省科學研究背後的規範性價值，並尋求替代性的
科學發展取徑。

　　認識到當今科學知識的生產與運用密集地出現在管制與商業活動中，科
學家、公民、政府以及企業的角色也在這政治社會過程中產生變化，彼此的利
益鑲嵌於政治、法律與商業的連動結構中，新科學政治社會學（new political
sociology of science）探討以資本利益導向的科學研究（Frickel et al, 2010），
主張從法律制度、社會運動、經濟資源與組織關係等廣義制度安排以及網絡的
概念，分析知識生產權力的歸屬以及其被運用、散佈的過程。相關討論指引我

們，不應只看到科學知識生產如何被商業資本所主導，更要看到何以有些知識不被科學社群所生產。

Gross（2007）針對科學之「未知」（Unknown）的探討中，曾提出幾個層次的探討，指出未知的幾種類型與層次，包括缺乏知道的「先決條件」（prerequisite）而無從想像、無從「去想要」知道的「未知」（nescience）；與明確知道有此知識對象存在但是不知其所以然的未知。而針對後者，他更進一步區分為四種知識進展的狀態：首先，所有知識領域皆無可避免面臨所知有限（ignorance）的問題。其次，在知道這樣的知識極限後，選擇將其設定為未來瞭解進程的暫時未知狀態（non-knowledge），或是明知其存在卻壓抑其生產的未知（negative knowledge）。最後，是針對第二狀態，即未來設定要進一步理解的未知狀態，真的進入理解的過程狀態（extended knowledge）。Gross的論文協助我們進一步理解「未知」的多重狀態，以及諸狀態間的動態關係。但要瞭解「未知」狀態的經驗基礎，我們可能還是要回到制度取徑上，分析社會政治經濟脈絡對於科學知識生產的影響。

Hess（2007）即指出，在文化偏見、研究網絡與制度管控下，主流科學議程深受產業創新競爭之價值影響，攸關環境永續的研究雖很重要，但成果卻有限，他把這些研究稱為「該做而未做的科學」（undone science）。Frickel等人（2010: 445）進一步將之界定為「沒有資金支援、不完全、或普遍被忽視，但被公民社會或社會運動團體指認值得投入更多研究的主題」。他們以含氯化合物的落日爭議（chlorine sunset controversy）為例，指出政府部門從未完成不安全含氯化合物系統性鑑定（systematic identification）的科學研究，這類該做卻沒做的研究，使國家無法管制不安全的含氯化合物（Frickel et al., 2010）。此外，Joseph LaDou（2006）的調查也顯示，電子產業相關之工業衛生、環境、安全、職病等研究投入屈指可數，僅有的研究也多限於美國。他批評，半導體產業協會等產業機構控制了研究資金的配置，限縮了研究的範疇，使產業風險相關面向無法被完整評估。又如美國的公民參與空氣品質救援團隊（bucket brigades）在參與中提出替代性研究議程與資料蒐集方式，挑戰官方空氣品

質安全保證的基礎，凸顯了主流空氣品質監測系統的隱晦偏見（Frickel et al, 2010; O'Rourke and Macey, 2003）。

社會建構取徑的STS觀點展現了科學政治在風險決策中的幽微運作，解構了科學中立性的迷思，挑戰了科學需要將外來因素隔絕於外，以生產出可靠知識的普遍觀念。科學專業知識不再對風險的「眞實／眞相」掌握唯一的詮釋權，因爲透過「科學」生產出來的知識，也意涵著應用特定的協議準則、價值與規範（Ascher et al, 2010: 27）。誠如Ascher等人（2010: 163-64）在《知識與環境政策》一書中所闡述，「科學」在「客觀」與「同儕審查」的面紗下，隱匿地在政治過程中運作，這些未言明個人、專業和制度的偏見影響著知識的生產與散播，影響著知識進入政策過程本身。他們注意到，不同的法律、行政命令、法院判決、法規與決策程序等在運用相關知識上採不同取徑，也反映了不同環境決策考量的規範性原則（p. 125），決策中占絕對優勢的科學知識，如果被狹隘界定，反而成爲風險。因此，如何將這些偏見闡明清楚，可以協助人們意識到決策過程中偏好的價值，以及偏見如何影響到知識的選擇。

瞭解科學「事實」的社會建構，有助於我們把梳科學與政治決策之間的複雜關連，從而思考科學在環境決策中的適切角色，以及科學與政治的關連。持此研究取徑的論者主張，政策過程應要求廣納不同系統的知識進入決策場域，並努力整合環境相關科學知識與替代性知識，以瞭解政治過程中的篩選機制，以及知識生產的其他可能性。Ascher（2010）等人認爲，在評量環境決策知識的標準上，應包括完整性（comprehensiveness）、可靠性（dependability）、精選性（selectivity）、及時性（timeliness）、相關性（relevance）、開放性（openness）、效能性（efficiency）、創造性（creativity）（p.14-16）。而有時「利益攸關」的知識（"interested" knowledge)，可以呈現問題與政策的分布影響，協助政策執行的進展，反而是最有用的環境知識之一。

上述討論，提供木書分析環境決策過程中科學知識的建構與侷限。首先，環境政策中的科學辯證並非想當然爾的客觀、中立，我們有必要正視科學知識在環境決策中的政治性角色。誠如Jasanoff（2004b）所注意到，科學往往無法

生產出共識。不同學科的訓練、問問題的方式、方法的運用、對於環境問題有不同的解讀等，都可能對問題提供不同的解答。而科學知識的生產也會受到法規標準、資金投入等諸多的限制，科學知識建構本身就是一個政治過程。因此，科學專業知識在政策過程中如何被建構與引進、政策議程設定如何影響知識的產出與詮釋、誰在主導科學與風險的相關定義，以及「科學性」結論如何被執行等，不再是決策程序中無法質問的前提，而是需要被檢視的問題。

其次，認知環境科技知識的政治社會性，並不代表我們應揚棄科學知識的取得，相反地，是協助我們對於科學知識發展的議程設定，以及其在環境決策上的應用，有更深入而系統性的理解。從檢視「科學知識」的問題假設、方法論、與結果應用的脈絡性、適切性與公共性，進一步思考目前制度安排中獨厚特定知識生產模式的問題，反省傳統政策過程高舉科學研究權威與客觀的侷限，更寬廣地檢視環境決策中相關知識生產的可能路徑，從而發展環境行政中「好科學」的典範樣態。

本書以下各章的案例分析，討論環境影響評估知識生產程序與過程、石化業管制科學爭議，以及科學專家委員會的知識生產困境，即嘗試「問題化」環境決策中習以為常的「科學評估」作業，描繪出台灣現行環境評估與管制制度背後隱而未顯的價值偏見，希冀對「科學評估」在我國環境行政程序中的位置與相關制度設計思考有所啟發。同時，進一步討論與反省我國公共決策依賴甚深的專家政治。

二、專家政治與常民知識

倡議科學理性的行政準則，藉以提升行政機關專業、中立的形象，強化了行政決策者的科學證據運用，以及與專家之間的連結[4]（Jasanoff, 1995）。

---

[4]　有關管制機關與專家之間的關係，Jasanoff（1995）依據管制機關與專家對風險的評估，和仲裁型或立法型的行政程序，將管制的科學評估分為四種類型。

前文提到，過去風險管理典範，凡涉及自然科學範疇議題，常交由「專家／科學家」來評估解決。尤其環境風險治理常牽涉到大量「專業」的科學知識與資訊，行政機關必須依賴間接、或是不確定的證據資訊，來進行判斷與決策，這使行政機關的行政裁量空間逐漸擴大，而為避免決策上的困難，行政機關（或政治人物）相當倚賴專家進行政策判斷（Peilke, 2007），各種專業委員會在政府部門內因應而生，擁有科學專業者被視為擁有巨大影響力的政府第五部門（Jasanoff, 1990）。這類決策模式強調優勢的科學取徑，為風險決策提供「客觀而中立」判準，民眾的在地經驗與知識很少受到專業的認可。一些研究即顯示，科技官僚常用實證主義的途徑，將日常生活概化成一個由專家技術性操作管理的問題結構（Fischer, 1990: 44）。而與環境政策息息相關的管制科學（regulatory science），做為決策的重要指引，結合了知識生產（production）、知識合成（synthesis）與預測（prediction）三個過程，其制訂更仰賴「專家／科學家」的分析、評估與建議（Jasanoff, 1990）。

　　不過，從前述批判理論角度出發，攸關風險決策中的專家與科學專業，並無法獨立於社會脈絡外被檢視。Jasanoff（1990）指出，既有科學諮詢機制對於專家挑選、框架討論議題，以及決定專家建議在決策中的比重，都還存有許多歧見；過度倚賴科學專業諮詢，往往無法有效解決充滿不確定性的風險爭議。Weingart（1999）回顧了美國早期的科技專家/官僚決策模型，認為其預設了「客觀知識」與「主觀價值」的截然二分，高度影響了政治界與科學界的主流認知。但他批判這種決策模型的預設基礎：問題定義、建議、決策的行政序列、科學知識的價值自由度，以及科學家的政治中立與無私化，都過於簡化科學家涉入政治決策領域的問題，而無法禁得起實證的考驗。Martin與Richards（1995）則區分了科學爭議與公共決策的四個研究取徑：實證主義、團體政治、科學知識的社會學與社會結構，認為相對於實證主義途徑將正統科學視為真理，後三種途徑其實可以加以整合，協助我們看到科學爭議中問題判斷與專家利益間的關係，以及專業判斷社群的社會經濟位置與其社會關切等議題，解構實證主義將科學衝突視為專家獨占的宣稱。

從科學知識的社會建構角度來看，政策制訂所依據的科學總是摻雜著各種因素，包括發生在方法論、實驗觀察的技術爭議，以及一些未能言明的個人屬性（如政治立場、價值取向、組織、文化等影響）、專業和制度的偏見，影響著知識的生產、散播，甚至決策判斷（Ascher et al, 2010; Jasanoff, 1995; Primack and von Hippel, 1974）。專家常扮演秘密的觀點辯護人，致力減少決策者可選擇的範圍，其主導了科學知識的生產、詮釋與解讀，並藉由科學來影響政策選擇的方向（Peilke, 2007）。此外，專家之間的爭論也不盡然能促進理性決策。當政策中的科學遇到了過度批判（over-critical）時，常會使政治上對立的雙方，格外仔細審查對手的科學論據，因而產生無止境的技術爭論（Collindridge and Reeve, 1986）。以1960年代開始的核能爭議為例，科學家進入政治論辯中，其專業知識變成決策場域中雙方用以捍衛自己觀點、立場與利益的工具，這改變了人們對科學的認識，不再將科學家視為完全中立、客觀、可靠，專家在政治諮詢中的權威性急速下降（Bimber, 1996）。

Limoges（1993: 417）在探討專家知識於決策過程的運作模式、意義與角色時，也論及專家知識在爭議過程中被不斷解構，不一定有助於釐清真相，有時甚至被認為是一種儀式或操控的機制而喪失信譽。科學專家於環境政策中，不僅止於是資訊提供者，常扮演著更複雜多元的角色。如Keller（2009）探討美國科學專家在面對酸雨及氣候變遷等政策議題上的角色，其研究結果發現，生產科學知識的專家，無法與社會、政治過程切割，科學專家在不同政策階段（議程設定、立法與執行）扮演不同的角色，程序限制（proccdural constraints）更有可能侷限了科學家以中立的諮詢者身分參與政策過程。因此，期待科學家扮演中立的角色，在政策與科學中劃出明顯界線，只能存於規範性的宣稱（Keller, 2009: 183）。

Hinchliffe（2001）舉英國政府處理狂牛症（Bovine Spongiform Encephalopathy, BSE）的政策研究為例，當科學家們首次面對BSE時，根本難以掌握其病因特性，亦不知其病原傳播路徑，僅能依靠盲目的各種禁令和撲殺來遏止病情，並對外宣稱一切都在掌握之中，最後英國政府終於無法控制狂牛症疫情

而導致了大流行。諷刺的是，Hinchliffe（2001）發現，這是因為英國政府與其所委託的科學機構自始至終未認真看待屠宰與支解牛隻的複雜過程，Ridley與Baker（1998）也指出，受限於科學研究的預設，當時英國科學家們忽視了BSE是否能經過無效組織進行傳染。這些漏洞讓英國政府最後必須尷尬的收拾狂牛症大流行留下的政治殘局。BSE的案例，使我們看到了忽視了自然（即BSE的致病因子普恩蛋白）在常民社會（屠宰與支解牛隻）中的複雜運作，僅倚賴科學實驗、模擬來作為政策判准的侷限。

上述討論顯示傳統政策過程獨尊科學專家的諮詢與判斷，忽略了風險決策的政治本質。而環境知識生產具有多樣性、複雜性與不確定等特性，對環境知識生產的系統性歧視[5]以及輕忽處理公共意見，都會使我們省略、忽視、有意排除特定形式的資訊（Ascher et al 2010）。Irwin等（1996）提醒，風險決策需要科技知識以外更多元的資訊，這些資訊必須有回應的可近性、在地性以及對公民需求有同理心；而科學界也應與其社群以外做更有效的溝通，願意去理解不同的世界觀與知識；更重要的，科學家需要檢視自己背後的「制度性結構」（institutional structure），才能促進有效的風險理解與溝通。一些研究因而主張應發展更包容更多元的決策模式，讓更多常民知識進場，打開科學知識與風險決策的黑盒子（Wynne, 1992; Fischer, 2009）。重視公民參與，已成為當代環境公共行政的核心課題。

傳統公共政策討論中的民眾參與，著重其於實踐民主程序所扮演的角色。不過，前述的批判理論論點卻賦予公民參與更重要的意義與內涵。蓋理解到環境政策相關的知識生產，無法脫離專業、個人以及機構的偏見，相關知識也不可能完美與完整，強化公眾參與，不僅可以廣納更多元的社會與專業意見，檢視不同論辯後面的價值體系與權力關係，增進公眾與科學社群的建設性對話（Brown, 2009；Douglas, 2009；Fischer, 2009），也能檢視修正科技主義工具理性的盲點，具有實質的貢獻（Barber & Bartlett, 2005）。因此，一些研究者

5　例如，偏好普遍化的科學解釋，看輕脈絡化的資訊提供。

指出，具有爭議性的科技政策須建立在公共討論的基礎上，以避免決策偏差（Wynne, 2001；周桂田，2005b）。

Jasanoff（1990: 228）將科學在決策過程區分為技術官僚統治模式（強調完好的科學來合理化決策）以及民主模式（強調利害關係人的廣泛參與增進決策品質），她批判傳統僅與科學社群建立緊密連結的技術官僚決策模式，認為民主與技術官僚決策模式的平衡才能使科學或政策的參與者產生「建設性的對話」。她進一步提出「共同生產」（co-production）的概念，認為科學知識鑲嵌與被鑲嵌於社會的認同、機制、表現與論述中，人們認識世界的方法與既有社會組織與控制方式息息相關，因而拒絕傳統線性、單因地刻劃科學、科技與社會的進步故事，強調廣納社會的參與以提升知識創造活動的重要性（Jasanoff, 2004a）。在此概念下，科學知識與政治秩序相互依賴且共同發展，當知識與專業不再是給定，而是可以被問題化的一部分，即挑戰了專家與常民認知方式的清楚界線。

一些實證研究也已證明，面對複雜的環境風險課題，傳統單向且線性的風險評估與決策模式，可能會忽略一些現有科學未能掌握的問題，而民眾參與可以促成更好的科學與決策判斷，並促進環境正義的實踐。Yearley（2006）研究英國空氣污染與民眾參與式評估時，發現民眾參與地方污染地圖的建構，可以協助檢視傳統科技模型預測背後未被檢驗的假設。例如，模型通常會平均化汽車污染排放量，但事實上，貧窮區域可能有較多平均值以下的車輛而造成污染的熱區，模型預測因此可能低估一些貧窮區域的污染值。

Corburn（2005）以紐約東河食魚風險爭議的研究為例，指出號稱專業的科學評估，並不重視風險分配正義和其他非癌症健康效果的評估，和化學物質影響的加乘效應等既有科學無法掌握的重要課題。他借用「共同生產」概念，檢視地方（漁人）知識（local knowledge）的進場，顯示掌握生活經驗與地方文化的社區成員，可以協助專家看到研究對象的語言、文化、飲食習慣、社會勞動關係等重要生活軌跡與方式，並且重新界定問題與研究方法，也協助美國環保署採取對症下藥的評估與發展有效的環境健康行政措施。Corburn（2005:

71）的研究顯示，藉由地方的默會知識，能夠改善既有專業知識的缺陷，同時增進程序民主，促進分配正義與決策效率。他進一步闡明，「專門知識」並非一種客觀的事實，不管是來自專家或地方，皆是一種為政策決定辯護的政治資源（p. 201）。因而街頭科學（street science）運動的倡議，主張重新評估形塑環境健康決策的優先順序與政治關係。

與Corburn的主張相同，Douglas（2005）也認為公民參與風險知識建構的合作，可以協助政策制訂者與科學家進行較好的問題界定，包括問題所指涉的範圍與潛在解決方案的提出、分析範圍的適當性等。公民可以提供關鍵的地方知識與實踐經驗，有助於提高研究資料的品質。公民也能提供有助於形塑分析的價值洞見，使得分析所依循的假設與不確定性，得到較好的證據檢驗與權衡。

相較於國際上對傳統風險決策模式的省思，台灣的風險決策機制似乎仍停留在舊有典範，視科學知識為「客觀純潔」，無涉價值選擇與判斷（朱元鴻，1995）。本章一開始所提的六輕旁國小學童尿檢結果，或2014年9月的餿水油風暴事件中，不乏科技官僚與專家提出「科學佐證」，顯示這些污染物或黑心油品的「合格」數據值，而現有科學資料無法證明其與健康危害的關連性。如同周桂田（2000）所觀察，台灣產業發展的趨力邏輯，支配著技術官僚在科學、經濟、工業、農業、教育、衛生等領域穩固結合，對在地化風險相當自由放任，呈現遲滯型的風險社會系統，缺乏對高科技風險審視與溝通的機制與能力。從氣爆、毒物污染到餿水油，科技官僚與專家無力解決現實風險問題的遁詞，恰好印證了台灣政治體系回應風險社會的失能與失職。

缺乏科學知識和政治權力交互鑲嵌的批判分析視野，科學不確定性與法律無規範往往成為操作風險解讀與行政卸責的最佳藉口，尤其在新興發展的科技領域，對風險的無知與無能，似乎可以合理化政治上的不負責任。杜文苓（2009）以台灣環保署研擬加嚴高科技廢水管制標準的協商過程為例，指出廠商以精確的金錢損失，抗衡無法確證的環境風險，使標準修訂幅度相當有限，而法律上欠缺「確定」的科學佐證，更成為產官不需面對環境風險的擋箭牌。

Tu and Lee（2009）的研究也指出，政府與業界常以「符合現行法規」正當化光電廢水的排放，將合法與無風險畫上等號。

　　本書後面幾章的分析，將進一步梳理台灣現行環境治理模式，包括前端的環境影響評估與末端的環境管制政策運作，指出獨尊專家諮詢，窄化知識型態與事實認定，對於環境治理的侷限與傷害。而從公民參與科技風險決策的角度出發，本書也將進一步帶出面對當代風險社會應有的制度設計與政治策略想像。

第四節　面對風險社會的政治策略

　　前面幾節的討論已充分指出，環境風險知識建構的政治社會性與專家政治的侷限，尤其依學科領域劃分的專家，各自僅能掌握自身領域的部分專業知識，在科學領域分工專業化的時代，使得專家在跨越其領域之外的地方，都成爲了外行人，究竟誰才算得上是「專家」，有不少的知識辯證。就Corburn（2005: 47-51）的觀察而言，相對於科學專業知識，[6]街頭科學家所貢獻的地方知識—在此指涉有關地方歷史、道德、政治文化傳統的脈絡資訊與經驗，可用公共敘事、社區故事等來證其代表性—也有專門知識（expertise）的貢獻度，是當代公共決策中「有用知識」（useable knowledge）重要的一環（p. 39）。

　　許多研究者皆指出，獨尊實驗室產出的科學知識已無法有效解決環境風險爭議（Heinrichs, 2005; Nowotny et al., 2001; Wynne, 1991），唯有重視知識的多元性，跨越不同知識型態、疆界的藩籬，讓廣大的利害相關人可以參與相關的資料蒐集分析以及環境爭議解決機制的選擇，這種奠基於專業者與常民合作方法上的聯合事實認定（joint fact-finding）過程，才能有效解決環境健康爭議

---

[6]　Corburn指稱的專業知識（professional knowledge）主要根據Jasanoff（1990: 76-78）的定義，包括研究與管制兩種型態的科學。研究科學無涉知識的實際運用，而管制科學包含著在政策發展過程中增進現有運作、技術與過程的知識生產活動。

（Corburn, 2005: 11）。Corburn並進一步提醒，這個聯合事實認定過程還必須關照社會正義的元素，注重劣勢社群的參與空間。

瞭解到政策爭議中，各方行動者對於現實有不同的詮釋，Fischer（2003a: 14）主張，行動者之間必須透過對話，才能夠相互理解各自的詮釋框架，而政策規劃者更需要爲多樣的政策規劃共識模式創造空間與機會，以促成各方社會行動者的溝通與互動。Corburn（2005: 41）也認爲，在「共同生產」的決策模式中，專家與常民之間部分與多元的「專業協商」有其必要，而「審議式政治」是發展專門知識共同生產不可或缺的要素。早期的審議可以做爲公民參與的預警系統，這不僅不會延宕政治決策，還可以減少後續可能的司法訴訟（Hamlett, 2003）。如何擴張政策所需知識面向的範疇，形成以「問題解決導向」爲知識建構基礎的環境政策決策程序，值得政策機制設計進一步關注。

但什麼樣的政治策略或政策程序的設計，才能較符合「問題解決導向」的政策知識建構期待，從而克服實證主義風險決策模式所遇到的難題與爭議呢？一些政策分析的研究指出，在知識建構的參與制度設計上，公民參與的實現要以「建構問題」爲核心，並運用各領域的知識資源來建立與檢證各種假設與理由，促成各方利害關係人就衝突問題的認知進行對話（Maasen and Weingart, 2005）。Torgerson（1986）認爲，在政策分析的方法學上，應該揚棄將專家與公民完全區隔的機制，並將焦點從特定的分析技術，轉移到問題探詢提問過程（process of inquiry）。他舉加拿大油管鋪設爭議的伯格質問（Berger Inquiry）爲例，爲擺脫技術理性在處理社會爭議時的主流偏見，伯格法官提供一個開放性的論壇，邀請個人與社區陳述其意見，而這樣的制度設計，也協助受影響的居民發展理解與闡述自身利益的能力。

一些研究指出，群體如何被社會所建構，會影響政策設計，而政策制度的設計，某個程度也會界定政府與公民的關係，限制公民身分的形成。政策設計本質上具有政治和社會的特質，是不同的價值體系、經驗及參與者持續互動與競爭的過程，這樣的過程創造了不同的機會結構，也傳遞不同的訊息給政策標的團體。而這些機會結構與訊息，會影響政策導向，以及標的團體在其中的

政治權力位置與社會正當性（Schneider et al., 2007）。這個分析提醒研究者，政策設計與社會建構交互影響，在促進積極公民身分與消弭社會不平等的目標下，如何透過政策設計重塑標的團體的權力位置與正當性，是風險政治中需要思考的重要課題。

　　以美國國家研究委員會（U.S. National Research Council）界定風險特性爲例，將對公民與科學家皆具影響作用的「分析審議過程」（analytic-deliberative process）作爲決策過程框架，塑造了「審議框架了分析，而分析知會審議」（deliberation frames analysis, and analysis informs deliberation）的政策運作模式（Douglas, 2005: 157），也重新設置了公民與專家在決策過程的位置。Waterton與Wynne（2004）討論「歐洲環境署」（European Environmental Agency, EEA）的例子也指出，歐盟環境知識的生產，是各種角力下協調折衝後的結果，而機構的設計與認同緊隨著知識形塑需求的調整，面對環境的風險與不確定性，歐洲環境署瞭解到他們科技政策的制定需要審議與批判的創新途徑，以取代傳統集權制式的許可路徑。以化學物的風險評估爲例，歐洲化學署藉由肯認既有科學對化學風險的無知，與在決策中擴大預警模式的運用，重新界定專家知識與公民責任。這樣的制度設計開展公衆在價值與需求使用上的論證，公民社會在公共價值討論上被賦予更大的角色，緊密地參與科學知識生產的貢獻。

　　而強調政策設計應服務於民主，一些學者提倡參與式政策分析（deLeon, 1997）與增進公共審議途徑（Fischer, 2009），更發展出的「參與式」、「審議式」的科技評估，強調透過科學、一般公衆、與利害關係人的互動，打破科學與公衆審議的藩籬，以促進決策的品質與效能。一些學者認爲，審議民主的制度設計爲開展多元環境論述，避免科技專業壟斷提供契機，使理性、正義、生態永續可以融入決策的實質內涵與程序（陳俊宏，1998；Fischer, 2003b; Barber & Bartlett, 2005）。公民審議模式或有差異，但創造一個可以促進共善公利的參與討論空間與制度設計，能協助釐清風險問題與社會價值的排序，爲其重要原則。Chilvers（2008）即指出，審議過程中常民與專家有高度、對

稱、批判性的互動，可以呈現科技評估過程的多元觀點、不確定性與潛在假設。

　　審議與分析之間交互爲用的關係，重塑專家與常民在風險決策上的角色，促進知識建構、公民參與及政策決策之間彼此鑲嵌的機會。Fischer（1993:172）認爲，對一般專家而言，將專業與社會參與結合一起的想法，似乎很不科學理性，但參與式研究能夠針對那些混合了技術與社會的問題進行分析，成爲解決特定類別問題的關鍵。這些研究展示了一個有別於傳統的政策相關知識建構典範。政策決策相關知識並不限於科學評估數據等實證資料的產生，特別是在具有高度脈絡化與地方性環境政策所需的相關知識，更需要透過良好的行政程序設計，提供科學專家與具有在地知識的常民專家產生連結的機會，並促使居民的經驗與證據在問題解決上有所貢獻，讓地方知識能夠產生增進環境治理決策的正當性、縮短知識與政策間的距離，使科學與政治決策更具公信力（Moore, 2006 ; Yearley & Cinderby, 2003; Corburn, 2005; Yearley, 2006）。

　　一個能涵括不同知識進場，重視知識合產的參與式政策程序，對於環境風險威脅加劇以及環境決策爭議不斷的台灣已是無可迴避的選擇。現行科學實證主義治理模式所衍伸之困境，或許可以歸咎於台灣技術官僚爲特定政策選項而操作科學評估方法與結果，但從吾人經驗研究觀之，似乎更有可能基於決策程序中的制度慣習，而獨厚特定的政策知識生產方式。本書嘗試釐清與理解傳統政策知識方法論的侷限，討論替代性政策知識論，企盼從過往我們所面臨的失敗經驗中，找尋政策制度改革的出路。第七章總結一文，希望結合我國制度與實踐分析的洞見，配合國際治理典範的操作趨勢，指出相關改革的可能契機。

第五節　本書架構與章節安排

　　要深究台灣科技風險與環境治理問題，我們無法忽略主導台灣的科技、經濟發展力量，以及近年來堪稱代表性的重要環境爭議案例。因此，本書選擇台灣工業發展最具代表性的高科技業與石化業，討論近年來備受社會矚目的中科

三期、四期環評及其後續司法訴訟爭議，以及六輕環境管制監督與攸關擴廠環評通過與否的VOCs（揮發性有機化合物）數據爭議，以這兩個產業相關爭議案例為基礎，進一步剖析台灣環境行政中的專家政治、管制科學的數據政治，以及政策知識建構問題。而攸關環境治理中的風險溝通問題，本書選擇福島核災之後社會普遍關注，政府相關技術單位官僚主動啟動與民眾風險溝通計畫的核能安全議題。跨產業、跨科技的風險樣貌或許有異，但於制度內的知識生產、評估程序與管制裁量卻差異不大。更有趣的是，相關案例在政策爭議過程中，都曾出現足以抗衡行政決策論述的競爭性論辯，雖然這些對抗性論述皆被排除在傳統行政程序之外，但政策論述的交鋒對照，卻正可以凸顯相關知識如何在不同政策場域中被生產、傳遞與運用。

依照環境風險治理的次子題，本書將各章節歸類於不同面向的三部曲：分別是第一部曲：問題肇因，分析台灣環境制度與行政能力；第二部曲：科學vs.政治，討論傳統環境決策科學認識論與政策知識方法論的問題；以及第三部曲：風險社會的治理策略，探討台灣的風險溝通與邁向環境民主的政策實踐之道。由於涉及議題討論層面很廣，每一章皆盡量詳細交代政策脈絡，提供資料來源與研究方法的說明，使讀者分章閱讀時，不至於缺乏脈絡性的背景資料而有進一步理解的困難。各章節安排分述如下：

本章導論概述傳統實證主義決策模式，在面對具有高度科學不確定與複雜分配正義問題的新興風險社會，所遭遇的困境與侷限。從批判理論的視角出發，本章進一步解析當代風險社會的特質，檢視風險社會、後實證政策分析以及科技與社會等領域的相關文獻，勾勒出環境決策中有關科學知識產製，以及專家與常民在決策過程中的角色辯證問題。這些理論性的討論、批判與分析，協助我們瞭解科學知識與社會政治交互纏繞的關係，洞悉科學知識在環境決策運用上隱而未顯的政治課題，更幫助我們從新的視角上，省視以下章節討論的幾個重要環境爭議案例，直探台灣環境風險治理的本質性問題。本章最後也特別闡述面對風險社會的新政治策略，如何從過去侷限而失敗的治理經驗中汲取教訓，瞭解到一個能含納多元知識、重視知識合產的參與式政策程序，可以修

正舊有治理模式忽略重要在地資訊與多元社會價值的作法，促使科學與公共決策更具公信力。

第二章與第三章構成本書第一部曲：探討台灣環境制度安排與行政實踐能力，瞭解環境風險問題肇因。第二章探究開發計畫的事前環境影響評估制度運作問題，分析中部科學園區第三、第四期的開發環評爭議，到後續的司法爭訟紛擾，深入剖析我國環境影響評估專業的「科學」宣稱，與「民主」缺位的決策程序，指出現行環境影響評估過程中獨厚特定政策知識生產方式，排除廣泛含納相關知識與利害關係人參與決策程序的缺陷，為後續帶來更大的風險爭議。本章資料來源受益於國科會支持的《科技風險與環境治理：以台灣高科技製造業群聚地為例》計畫（97-2410-H-128-025-MY2），原文有關個案環評爭議的脈絡耙梳，改編自《公共行政學報》第35期〈環評決策中公民參與的省思：以中科三期開發爭議為例〉與《東吳政治學報》第29卷第2期〈環境風險與科技政治：檢視中科四期環評爭議〉中的部分內容；而本章的司法爭訟紛擾部分，則是更廣泛蒐集近一、兩年來行政機關對司法判決的回應與作法，所寫就之分析討論。

第三章〈環境監督的實與虛：傳統農業縣vs.六輕石化王國〉，則以六輕地方環境治理所遭遇到的挑戰為案例，探討環評通過之後地方環境治理問題。本章以喧騰一時的六輕副產石灰四處傾倒溢流的爭議為例，深入耙梳政府在管制大型石化專區時，遇到企業不顧產源責任，機關之間因法律權責分際不清，導致副產石灰究竟是事業廢棄物或是產品認定爭議，徒增執法灰色地帶的困境。雖然副產石灰爭議已暫告落幕，但如果這個相對於六輕其他環境風險較易解決的課題，都要如此大費周章、曠日廢時地與開發業主在管制與訴訟上周旋，其他更為複雜的有關健康風險、空污管制，以及六輕擴建之環境影響評估等問題，就讓人更難對政府的地方環境監督與治理充滿信心。本章的資料蒐集，主要受益於筆者與張子見教授所執行的行政院研考會計畫《環境保護權責機關合作困境與改善策略之研究：以六輕與竹科為例》。

本書第二部曲聚焦於環境風險決策中，向被視為在天平兩端科學vs.政治

的迷思與辯證，由討論專家政治、管制科學與環境政策知識產製等三章所組成，從具體的田野資料，駁斥「客觀性」科學知識的假說命題，討論科學與政治如何在環境政策過程中交織纏繞的關係。第四章〈專家政治與公民參與的辯證：環評制度中的專家會議〉，奠基在《臺灣民主季刊》第9卷第3期〈環評制度中的專家會議—被框架的專家理性〉一文的基礎上，並更具延伸性的討論環保行政中的專家界定，以及專家於環評制度內被擺放的角色。本章借用STS的觀點，指出環保單位對於專家的制度安排，乃奠基於科學與政治二分的認識論，忽略決策本身是一門跨科學的學問，而獨厚專家諮詢的治理模式，把充滿政治角力的環境決策包裝成專業決定，更造成機制與決策的扭曲。如要提升專家效能，應致力於創造一個廣納多元論述，啟動知識追求，避免特定專業壟斷的風險決策場域。

第五章〈管制科學的數據政治〉，探討備受爭議的六輕VOCs排放數據問題，資料部分主要來自筆者與張子見教授所執行的行政院研考會計畫《環境保護權責機關合作困境與改善策略之研究：以六輕與竹科為例》，以及筆者國科會計畫《環境決策中的知識建構、專家與公眾》（NSC 101-2628-H-004-003-MY3）。本章從六輕建廠二十年來卻從未釐清VOCs排放數據的質問出發，概述其相關爭議過程，解構VOCs數值在污染物特性、法律規範裁量、係數生產運用、與檢測方法技術下等交互影響下，如何形成管制俘虜效應，從而主張建構一個可以回應複雜風險課題的政策知識方法論的必要性。

第六章與第七章構成本書的第三部曲，闡述風險社會的治理策略。第六章〈風險溝通：以台灣核安爭議為例〉探討風險治理策略中最重要的風險溝通課題，以台灣核能安全溝通為案例探討，勾勒核能安全溝通所呈現的特性與樣貌。本章討論，在台灣核能爭議中嘗試走出專家政治進入風險溝通領域的核能科技官僚，如何看待公民參與及常民知識？而相關的認識論，如何影響其風險溝通的目標設定與執行策略？這樣的設定，又遭遇了什麼樣的問題與瓶頸？結論指出，核能安全溝通中漠視「風險論述」，取而代之的是經濟發展、能源政策等效益評估政策論述，當風險溝通所應具備的政策回應性被忽略，民主治理

就難以進入核能科技政策的核心範疇。此章資料主要來源受惠於國科會與原能會共同贊助,與高淑芬、陳穎峰教授共同主持的《核能安全之風險溝通》計畫（NSC 102- NU -E-004 -002 -NU）。

第七章〈邁向環境民主的政策實踐之道〉,也是總結的一章,嘗試從本書幾個重大環境爭議的案例討論,梳理從中學習到的課題,期盼從釐清與理解傳統政策制度的侷限,討論替代性政策發展的方向,指出一個較為健全的環境政策知識建構與運用途徑,並進一步從國際環境治理的趨勢潮流,摸索出我國邁向環境民主實踐之道,提供未來政策擬定與制度改革過程,可以兼顧科學與民主原則的解決方法。

第一部曲

問題肇因：
環境制度與行政能力

第二章 環境影響評估制度運作之省思：檢視中科環評爭議

第一節 台灣環評制度起源與變遷

　　1994年立法通過的環境影響評估制度，是台灣環境保護史上一個重要的里程碑。蓋我國歷經1980年代快速經濟發展，付出慘烈的環境破壞代價，環境抗爭越趨越烈。環評法的制訂參考了美國〈國家環境政策法〉（National Environmental Policy Act/NEPA），要求開發計畫必須優先評估對環境的影響衝擊，被外界賦予高度的期待，希望改善我國重經濟輕環境的發展失衡狀態。這樣的期待，使環評制度從美國移植到台灣，產生本土化的質變。原本在美國針對政府決策作為的評估考量制度（由開發計畫之目的事業主管機關自行評估），在台灣成了環保機關對開發行為的審查制度，而環保署下設的環評委員會，成為落實環境保護科學審查，提供客觀專業判準之所繫；同時，環評委員會更被賦予對開發行為審查通過與否（准駁權）的重任。[1]

　　論者認為，與美國著重在評估而非審查的制度設計相較，我國環評制度自設立以來，因擔憂經濟開發勢力過於主導，希冀由環保機關擔負起守門人角色，因此朝向強化環保機關的環評審查權限，並給予否決開發的權力（黃光輝，2006；傅玲靜，2010）。此外，環評法的通過也與消解民主化初期的環境抗爭與民怨有密切關係，因此，環評法第8條將環評程序依「民眾參與」程度切割為兩階段，凡「對環境有重大影響之虞」的開發案需進入第二階段審查，

---

[1]　環評法第43條指明環評審查結論之作成有以下五種：1.通過環評審查；2.有條件通過環評審查；3.應繼續進行第二階段環評審查；4.認定不應開發；5.其他經中央主管機關認定者。其中的第4款即是所謂的「環評否決權」。

而此階段的環評民眾參與程度提高，且相關政策資訊需依法公開（黃丞儀，2011）。

　　不過，環評制度實施二十年來，一些政府與民間重大開發／投資計畫引發高度爭議，但多半以「有條件通過」作結，透過環評否決不適當開發行爲所占比例不多（葉俊榮，2010）。[2]一些經驗研究更顯示，環評第一階段因無民眾參與的法律程序保障，不少開發計畫的環評是在最後結論階段才被外界注意（李佳達，2009）。而被學者界定爲有眞正公民參與程序之踐行，爲實質環評審查之第二階段環評（李建良，2004），在現實運作中執行比例卻不高（許靜娟，2009）。

　　一些學者認爲，我國環評制度呈現一種「去政治化」的決策過程，強調客觀理性的分析預測，必須依賴專家「客觀地」評估技術面、經濟面、社會面與政治面等各項因素，再對民眾進行告知、說服或施展公權力（湯京平，1999）。但欲將環境問題化約爲技術問題，使整個決策過程「去政治化」的結果，卻反而製造更多的抗爭，增加日後政策執行的困難。湯京平、邱崇源（2010）闡述，將「政治決策放在專業官僚層級」、「以獨立的專業委員會取得決策正當性」到「二階環評的設定防止政治干預」等「去政治化」程序設計，某個程度保有了環評的公眾信賴。但這樣的程序，在重視決策民主化的今天，卻受到相當程度的挑戰。2005年當環保團體進入環評體系，檢測專家審議細節，即打開了專業決策這個潘朵拉的盒子。

　　在一些指標性案例的環評審查過程中，其評估之專業性與課責性屢屢遭受質疑，具高度爭議性的開發計畫，如中科三期、四期之環境影響評估，更在審查結論通過後遭行政法院判決撤銷，相關判決指出環評行政裁量之缺失，包括缺乏資訊充分之事實基礎，也沒有實踐公民參與原則。徐世榮、許紹峰（2001）即指出，環評問題的背後實隱含著科技決定論的意識形態。他們強

2　根據研考會2010的研究報告顯示，1998-2009年間環評結論認定不應開發的比例爲5.85%，進入二階環評的比例爲3.30%（葉俊榮，2010）。

調，環境影響評估制度的設計只著重在環境影響的預測、分析與評定，奠基在相信客觀中立的科技可以解決政治利益衝突，科技的創新發展可以解決環境污染的問題，而這種科技理性至上的制度結構，迫使民主參與、社會公平與生態價值相對邊緣化。他們檢視五輕、濱南與銅鑼的環評報告書，發現民眾意見取得方式貧乏（透過問卷與說明會），且環評審查強調經過科技認可，民眾即無置喙的餘地。

　　有關環評制度的變革以及可能調整的方向，已有許多相關的討論，在此不做不同制度建議之檢視與討論。[3]但就環保行政的角度來看，本章把焦點放在環評程序民主性與科學性的質問，嘗試分析環境影響評估制度中的公民參與以及風險辯證之科學性，從而指出我國環評運作的特點與問題。以下，我們運用環評發展史上在附帶條件、司法爭訟、行政回應等開啓多項先例的中部科學園區（以下簡稱中科）三期與四期的開發爭議，[4]來討論上述兩個重要課題。

第二節　中科三期與四期環評爭議與風險攻防

　　2005年10月21日，中科管理局將中科后里農場環境影響評估計畫書送環保署（爾後簡稱后里環說書）審查，開啓了中科三期開發爭議的序幕。中科三期基地涵蓋后里鄉都市計畫區南、北兩側，由台糖提供后里農場（134公頃）與七星農場（112公頃）兩塊共246公頃的基地，在政府積極推動下迅速完成規劃。原先規劃要共同開發的兩塊基地，因爲七星農場計畫範圍內有一部分爲軍事用地，爲顧及開發時效，中科管理局遂將原本開發計畫一分爲二，進行環評審查與整地開發。

3　較完整的建議與論述可參考前述提及的研考會2010研究報告（葉俊榮，2010），以及曾擔任過環評委員詹順貴律師的看法http://thomas0126.blogspot.tw/2012/12/blog-post_12.html。
4　中科三期七星基地環評，爲國內第一起結論遭法院判決撤銷定讞之案例。其後環保署爲其儘速「補作」環評，並再度一階有條件通過，更促其爭訟持續。面對法院不利中科三期七星基地營運開發的判決，行政院更提出「停工不停產」，其環評撤銷判決不涉及第三人（進駐廠商）的說法，爲中科持續營運來解套。

　　后里環說書歷經三次專案小組審查，送交第138次環評大會審理，環評委員提出開發單位並未說明調撥農業用水之影響與評估，且空氣污染總量、場址替代方案、淨水場區域及水質維護等資料不足，在場13位委員表決結果，8位贊成開發單位應補足上述相關資料。此案退回專案小組審查後，李根政、文魯彬等具環保團體背景的環評委員，[5]要求專案會議中須邀請環保團體與地方居民列席表達意見。

　　一些環評委員根據地方農民提供資訊，深入審查工廠調撥農業用水與廢水排放對農業影響。以放流水為例，雖然開發單位在會議中指稱科學園區的廢水管制比一般「放流水標準」更為嚴格，且其排放溝渠（牛稠坑溝）非屬台中農田水利會所屬灌溉渠道，所以應無農民灌溉情勢。但這些說法被與會之地方居民以及環保團體強烈質疑，認為在地取用水現況並未被真實呈現。一些環評委員並根據調查結果，提出揮發性化學物質（volatile organic compounds, VOCs）排放、廢水排放點、法規管制漏洞等可能造成重大環境衝擊。[6]后里農場的環評就在爭議中進入環評大會決議，並於2006年3月8日第139次環評大會中有條件通過。[7]

　　后里農場環評通過的附帶條件，包括要求用水回收率的達成、揮發性化學物質排放量的管制、辦理「飲用水與空氣污染健康效應暴露評估」（第5條），於各村里針對鄰近交通影響、農民灌溉用水可能移撥取用、區內廠商可能使用及排放之化學物質辦理公開說明會（第6條），以及公開興建與營運期

<hr>

5　值得注意的是，2005-2007年的第六屆環評委員會，有多位具環境運動背景的委員參與其中，其對環評審議之見解與態度，嘗試在體制內建立資訊公開與公民參與制度的努力，衝擊著環評過去五屆慣常的運作方式，也使環評在重大開發設置案中備受矚目（杜文苓、彭渰雯，2008）。不過，多數具環運背景的委員在第七屆環評委員的遴選中未被留任，2009年8月公布之第八屆環委聘任名單中更無環保團體推薦之人選。
6　相關資料可參見后里農場第四專案小組會議紀錄與中部科學園區第三期發展區（后里基地—后里農場部分）開發計畫環境影響說明書，p.附29。（環評審查會議記錄和各書面資料，皆可於環保署「環評書件查詢系統」查詢並下載，參閱網址：http://ivy5.epa.gov.tw/eiaweb/。）
7　初審會議中有四項建議，分別是有條件通過、進入二階環評、專案小組續審、以及認定不應開發。最後在場14位環評委員表決結果，9票贊成有條件通過。

間的各項環境檢測資訊（第7條）等，並於最後附帶決議中述明，爲強化監督本案，請環保署邀請環評委員、專家學者、社區代表成立監督小組執行。[8]

　　后里農場環評附帶條件開啓了更多公民參與表達意見的管道，在完成中央的環境影響評估程序與區域計畫委員會議審查程序後，根據附帶決議，中科管理局陸續舉辦了各村里的公開說明會、[9]健康風險評估說明會，[10]以及依照行政程序法第55條召開的兩次聽證會，[11]並成立地方環保監督小組；行政院環保署也成立環評監督小組，定期對中科后里農場開發案監督審查。[12]上述會議成爲爾後開發團隊、地方居民與環保團體風險溝通重要的交鋒場域。

　　中科后里農場的環評過程，提高了各界人士對接下來中科七星農場環評審查的矚目。在第一次專案小組審查時，即爆發當時行政院副院長打電話給環評委員「關切」一事，[13]一些環評委員因而聯名公開駁訴，七星專案小組會議也引來更多環保團體、地方民眾與立法委員的關心。

　　七星農場與后里農場距離不到5公里，環評過程中所提出的質問與后里環評相距不遠，主要仍是農業用水調度、廢水排放點對農業影響、廢水標準訂

---

[8]　行政院環境保護署環境影響評估審查委員會第139次會議紀錄。
[9]　2006年3月10日公告「中部科學工業園區第三期發展區（后里基地—后里農場部分）開發計畫環境影響說明書」審查結論。第6條：「開發單位承諾於開發前，於各村里針對鄰近交通影響、農民灌漑用水可能移撥取用、區內廠商可能使用及排放化學物質辦理公開說明會。」已於2006年3、4月間於后里基地鄰近個村辦理完成。
[10]　公告來源同上，審查結論第5條：「開發單位於營運前應提『飲用水與空氣污染健康效應暴露評估』，其中必須包含毒性化學物質緊急意外災害模擬與因應及針對區內污染正常及緊急排放狀況下，對淨水廠之影響提出風險評估及應變措施，送本署另案審查。」此報告經2008年6月9日環評大會第167次決議，重組專案小組再審。
[11]　〈中部科學工業園區后里園區開發計劃第一次聽證會會議紀錄〉。台中：中科管理局，http://210.69. 83.6/files/7d864944-65e3-458d-b126-44487cf64aee.pdf，但相關連結已被移除。〈中部科學工業園區后里園區開發計劃第二次聽證會會議紀錄〉。台中：中科管理局，http://www.ctsp. gov.tw/chinese/01news/11online_view.aspx?v=2&fr=17&no=34&sn=513。
[12]　全名爲「中部科學工業園區第三期發展區（后里基地—后里農場）開發計畫環境影響評估審查結論執行監督小組」由環評委員代表、專家學者及村長代表共13人組成，監督開發單位對環評決議事項的執行。
[13]　溫貴香，2006/03/27，〈關說中科投資案環評？蔡英文澄清〉，中央社，取自http://210.69.89.224.ezproxy.lib.nccu.edu.tw:8090/search/hypage.cgi?hyqstr=aihnnkifdebglflia-geejhffqggjfjhgdjjipcqjijhgpfgjkghjchsgdjdiggrkfirhggnirgfjdjicikdjmhfjjihdpgcfddcggfddfgcfkef-hbhddcgefkdifgioghkjjkgrkcihdppdrjlnnbmhkgnmqpkjrlnlomnopkmcsenipn。
　　林政忠，2006/03/29，〈小龍女入凡間 體驗政治嗆辣〉，經濟日報，A4版。

定與VOC污染等相關問題。其間開發單位檢送的資料一再受到環評委員的質疑，包括廠商化學物質使用資料無法完整提供、開發單位推估模擬數據的真實度等。歷經三個月五次專案小組審查會議並無釐清爭議，[14]最後於2006年6月30日的第142次環評大會，在官派環評委員的全力支持下有條件通過，[15]引發在場部分環評委員憤而辭職，場外后里居民高喊「環評無恥」抗議。[16]

與后里農場環評附帶決議一樣，七星農場環評通過的附帶條件要求開發單位須辦理公開說明會，[17]須對園區用水回收率、用水量、空氣污染排放的揮發性化學物質（VOCs）排放量等項目做出具體承諾，進行健康風險評估；此外，更要求每一年要明列環境會計，就環境污染、自然資源進行記錄，以釐清一旦發生污染時的責任歸屬，業者並須設立環境保險基金回饋居民，開發單位並需邀請地方民眾成立環保監督小組。

七星環評通過之後，關心此議題之環評委員、后里鄉民、立法委員、民間團體，持續啟動一連串後續的關注行動，包括在區域計畫審查委員會的發言把關、[18]召開立法院公聽會、[19]成立地方自救會，[20]以及積極參與中科的地方說明會與監督小組之運作，並針對環評決議公告及核發開發許可兩項行政處分提起訴願等，[21]希望牽制七星農場開發。代表開發單位的中科管理局與地方團體代

---

[14] 專案小組會議分別在（2006年3月23日）、（2006年4月12日）、（2006年4月25日）、（2006年6月2）、（2006年6月19日）。

[15] 根據環境影響評估委員會組織規程第3條，環評會設置21位委員，其中7位為政府代表，14位為專家學者，由主任委員就具有環境影響評估相關學術專長及實務經驗之學者專家中聘兼。

[16] 朱淑娟，2006/07/01，〈10:8官方護盤 環評過關 中科環委辭職——痛批環署刻意逢迎政院〉，聯合報，C3版。

[17] 行政院環境保護署環境影響評估審查委員會第142次會議紀錄。

[18] 內政部區域計畫委員會於2006年7月6日、7月27日（第186次）、與8月17日（第188次）三度審查此案，最後於8月31日（第189次），在官派委員護航下投票多數通過此案。

[19] 立法院永續發展促進會於2006年9月6日召開「中部科學工業園區問題」公聽會，有上百人出席。

[20] 一些環保團體積極協助當地民眾認識科學園區開發可能引起的環境問題，居民於2006年7月20日針對中科議題組織化，成立了保護鄉土自救團體；爾後，為參加中科的地方環境監督小組，於12月在台中縣政府正式立案，並更名為「后里鄉永續農業協會」。隨著台中縣市合併，該組織現在的全名為「台中市后里區農業與環境保護協會」。

[21] 七星案雖於第142次環境影響評估委員會有條件通過，然在程序及實體上均有爭議，后里鄉

表，在環評後續會議中，持續針對中科用水排擠效應、廢水排放與農田污染問題，以及毒物釋放的健康影響等議題爭鋒相對。中科運用現有法律規定與科學技術所呈現的評估模式與舉證基礎，屢屢受到在地民眾以生活經驗、風險資訊不明為舉證基礎的挑戰，雙方在風險認知與處理上並無太多的交集。

2008年1月31日，台北高等行政法院以環評審查不徹底，可能損及居民健康，判決撤銷中科七星環評審查結論，成為台灣第一件被撤銷結論的環評案。[22]不過，中科以環保署持續上訴為由，表示判決並未定案，依舊積極整地動工。2010年1月，最高行政法院駁回環保署上訴，判決陳述內容認為，開發行為對環境有重大影響之虞，應進入二階環評審查，才能保障公民參與實踐，防止行政裁量恣意濫權之流弊，[23]中科三期七星基地環評撤銷判決確定。[24]不過，環保署表示無法要求廠商停工，還刊登廣告直指行政法院的判決「無效用」、「無意義」、「破壞現行環評體制」，[25]並宣稱只有「自始未經完成環評審查」才適用環評法第14條規定開發許可隨環評撤銷而無效，[26]引起法界一片譁然。同時宣告本案不需重做環評，只需補充判決中提到之前沒做的健康風險評估這個程序瑕疵即可，致使相關爭議持續延燒。

中科三期爭議尚未結束，中科四期開發作業規劃已然展開。2008年8月20日，國科會宣布中科四期園區甄選結果，彰化二林由於土地權屬單純以及縣政府的積極爭取下雀屏中選。中科管理局隨即宣布中科四期的開發期程，指出將

民代表六人於2006年8月29日檢具詳細相關附件，依法向行政院提起訴願，請求訴願決定機關依法撤銷本案之審查結論。

[22] 王尹軒、張國仁，2008/02/02，〈法院撤銷中科七星基地環評 若環保署不再上訴，后里七星基地將面臨停止開發〉，工商時報，B2版。

[23] 最高行政法院99年度判字第30號，p.17提到「自第二階段開始才真正進入一個較縝密、且踐行公共參與的程序」。中研院黃丞儀博士認為，此判決強調行政法上兩項重要原則：「公共問責」和「民眾參與」。詳見黃丞儀，2010/03/02，〈環評案樹立司法新標竿〉，中國時報，A14版。

[24] 最高行政法院99年度判字第30號。

[25] 環保署的半版廣告〈環保署『依法行政』澄清近日讀者投書及環保團體對於中科三期審查及法令的誤解〉，範本可見2010年2月10日自由時報，A11版。

[26] 環評法第14條規定，「目的事業主管機關於環評書未經審查或評估書未經認可前，不得為開發行為之許可，其經許可者，無效。」

於2009年6月完成環評與非都市土地開發許可。[27]爾後，此案在2009年3、4月間，於營建署與區委會召開十多次會議審查，並於4月初送進環保署，啓動環評審查程序。隨後的審議過程在環保團體質疑聲中風波不斷，區委會和環評會更在一個月內審查了6次，[28]次數之頻繁使此案備受矚目。最後，歷經半年環評審查，其中包括五次專案小組會議（加三次延續會議）與兩次針對放流水排放之專家會議（加一次延續會議），審查會場外面有擔憂廢水衝擊的彰化、雲林兩地居民抗議不斷，場域內則有民間團體力主進入二階環評，進行更爲嚴密評估審查的聲浪。[29]專案小組最後於10月13日做成「有條件開發」的結論，10月30日的環評大會正式「有條件通過」中科四期環評。11月中旬，中科四期通過區委會審查取得開發許可，表訂於當年底12月26日動工。預計開發635公頃土地，投入1.2兆元，引進光電製造業，中科管理局聲稱每年可創造9千億營業額與3萬個就業機會。

從上面提供的時序可知，中科四期的環評審查時程遠超過預期。但光電製造業的引進，大量用水用地的需求可能造成許多環境衝擊，尤其其設置地點在傳統農業重鎮，也是地下水層下陷區的二林；而年排放一千多噸揮發性有機物（VOCs）對當地可能造成的健康風險也不容忽視。不過，整個環評過程最令人矚目的，則是每日近十萬噸的廢水排放，可能造成河川下游農漁養殖重大影響的爭議。

中科管理局原先規劃將高科技放流水排放至北彰化的「舊濁水溪三和制水閘以下」，環保團體於環評專案小組會議中主張應至受影響區域舉辦說明會未獲採納，遂自行下鄉說明，彰化福興鄉蚵農知情後向中科局和環保署抗議，促使專案小組決議另行召開專家會議，討論「放流水之影響及因應」方案。此放

27　邱思綺，2008/08/21，〈中科四期 落腳彰化 二林 躋身最大面板聚落〉，經濟日報，A3版。
28　朱淑娟，2009/05/06，〈爲政策護航？中科四期二林園區 環評+區委 1個月內審6次〉，環境報導。取自 http://shuchuan7.blogspot.com/2009/05/16.html
29　中科三期環評遭行政法院判決撤銷，理由之一係依據環評法第8條，認爲開發案「對環境有重大影響之虞」，應進行第二階段環評（最高行政法院99年判字30）；而中科四期是否進入二階環評，「對環境有重大影響之虞」的認定，成爲各方攻防之所在。

流水會議最後產生了兩個腹案，分別為「將廢水排放至濁水溪」以及「設置海洋放流管」。而中科在沒有提出調查資料佐證改排合理性的情況下，提出依彰化縣政府與漁會建議，「將二林園區的放流水改排至濁水溪」。[30]

新的排放方案隨即引發雲林縣政府的抗議，擔心雲林的蔬果稻米遭受高科技廢水污染之風險，表示「基於糧食和蔬果食的安全，保護民眾的健康，確不可將工業園區水排入濁水溪」、「水資源分配不應黑箱作業……，廢水排放不應以鄰為壑。」。[31]三次的專家會議顯示，兩縣都不願意接收高科技廢水，廢水問題成為環評審查遲未能通過之燙手山芋，中科管理局局長在面對兩縣縣長的不同場合與時間點，都曾承諾廢水不會排入彰化或雲林；過程中更傳出行政院主張將中科廢水給國光石化使用，期為爭議解套。[32]

最後一次的小組審查，開發單位一反過去說法，強調舊濁水溪與濁水溪兩方案對承受水體影響風險性均低，環評專案小組隨即在10月13日的延續會議中，做成兩者均屬可接受方案，由開發單位自行充分檢討後採取較佳方案，有條件通過做結。[33]不過，行政院長吳敦義之後在接見縣長與立委時，承諾以「政策決定」提高放流水處理規格高度，要求中科採取專用放流管向海洋再延伸3公里，以完全去除民眾對養殖受到影響的疑慮。10月30日在大批警力圍阻下，環評大會決議本案於第一階段有條件通過，其結論並回到原點，即「排入舊濁水溪、濁水溪，兩案都可接受。」未來如果廢水要排到「河口潮間帶低潮線以下」、或設「海洋放流管」，須重送環評差異分析審查。

中科四期環評爭議期間，環保署發表多篇新聞稿，更在其網站首頁成立

30　朱淑娟，2009/06/30，〈中科四期廢水改排濁水溪？專家質疑評估不足，雲林縣、水利署都反對，會議草草結束〉，環境報導。取自http://shuchuan7.blogspot.com/2009/07/blog-post_03.html
31　行政院環境保護署，2009/06/30，〈「中部科學工業園區第四期（二林園區）開發計畫環境影響說明書」專案小組第3次初審會議記錄〉。
32　朱淑娟，2009/10/6，〈中科廢水排放，承諾又毀諾，今環評審查提出兩方案：排入彰化縣、雲林縣都可行〉，環境報導。取自http://shuchuan7.blogspot.com/2009/10/blog-post_06.html
33　行政院環境保護署，2009/10/13，〈「中部科學工業園區第四期（二林園區）開發計畫環境影響說明書」專案小組第5次初審延續會議紀錄〉。

「中科四期環評相關回應」專區，態度強硬抨擊外界質疑。對外發言強調環評審查科學，並宣稱政府已引用最嚴格標準，外界的質疑皆缺乏科學事證，有誤導民眾之嫌。對於外界質疑光電產業製程日新月異，化學物質的使用與管理現狀，如同「用十九世紀的法律管制二十一世紀產業」，環保署更一再表示將要求園區進駐廠商遵守歐盟最嚴格的REACH制度。此外，中科四期開發案審查，從環評到區委會，常是在外有群眾抗議、內有層層警力戒備中進行，會議程序進行不斷被外界質疑，環境民主落實與否，成為各說各話的羅生門。環保署反擊強烈的回應與警力環伺審查會議之行政作為，皆創下環評史上審查之先例。其科學爭議、風險辯證與環境民主的論戰過程，更提供一個分析行政部門環評思維的絕佳案例。

第三節　後環評階段之司法爭訟與行政反擊

前文提到，中科三期環評結論於2010年1月遭最高行政法院裁決撤銷確定，然開發設置卻已然成案，行政裁量與司法判決持續角力。環保署公開抨擊行政法院判決，並指稱環評無效的判決所影響的許可無效問題，不及於「曾完成環評審查」的本案。農民進一步提出告訴，要求國科會停工。2010年7月30日，台北高等行政法院「綜合衡量比較自然環境、聲請人及相對人的公私利益，有准予停止執行原處分之必要」，裁定七星基地停工。[34]但國科會認定取得開發許可的廠商，有「信賴保護原則」之適用，不受判決影響，宣布只有園區開發停工但廠商不需要停產，而此「停工不停產」處理方式，並深獲行政高層的肯定。[35]

於此同時，環保署召開專案小組「第六次」初審會議及延續會議，以加

---

[34] 北高行發出的停工裁定有兩份，分別是針對相對人為環保署的「假處分」（台北高等行政法院99年度全字第43號裁定），以及相對人為國科會中科管理局的「停止執行」（台北高等行政法院99年度停字第54號裁定）。

[35] 林毅璋、蘇金鳳、陳梅英、李錦奇、王寓中，2010/08/20，〈中科停工不停產 馬給予肯定〉，自由時報。取自http://news.ltn.com.tw/news/life/paper/420786

快七星基地的環評「延續」審查，[36]並於8月底再度於第一階段有條件過關，使開發案得以就地合法。但此行政回應與作為無異視「行政法院裁判如廢紙」（李建良，2010：37），成為法界聯名痛批造成「憲政危機」的惡例。2010年10月上旬，立委吳育昇更提案修改環評法第14條，希望將行政程序法中「主管機關可評估信賴保護原則、決定是否應撤銷開發許可」納入，更讓法界批評是立法與行政聯手崩壞國家法治體系之舉，這迫使農民、環保團體與九位律師聯合召開記者會，宣告成立律師團協助中科三期公民訴訟，並針對就地合法的二次環評結論再次提起訴訟。[37]

中科三期爭訟持續，中科四期在環評過後也歷經劇烈變化。受到國際景氣的影響，光電製造業的光景急轉直下，原本為其量身訂造的面板大廠友達宣布撤資。[38]國科會隨後於2010年8月宣布將中科四期轉型成精密機械園區，除大幅調降原本光電產業外，還將引進精密機械、積體電路與綠能科技等產業取代，新的產業組合可望大幅減少用水，並將環差分析送交環保署審查。[39]不過，當友達撤資後，中科四期環評與區域計畫委員會通過的計畫標的與內容已告消失，何以國科會仍要開發同等土地面積，將大片優質農地變成工業用地？拿著爭議頗大的「環評有條件通過」與「通過區域計畫審查」等兩紙公文，國科會似乎被動地核發科學園區開發許可，但卻在過去討論與允諾的開發條件不復存在之際，主動積極地宣稱計畫走到一半，必須依法行政。

2012年10月，台北高等行政法院撤銷中科四期開發許可，創下國內開發許可遭撤銷首例。判決文特別指出中科四期選址的適當性、必要性、合理性問題，凸顯工業區選址位於「優良農田」和「地質災害區（地層下陷區）」的不

---

36 這裡所指的專案小組「第六次」初審會議，是為了接續前面五次在2006年已召開的專案小組會議。

37 廖靜蕙，2010/10/16，〈后里老農永不妥協 中科三期公民訴訟律師團成軍〉，環境資訊中心。取自http://e-info.org.tw/node/60140

38 陳幸萱，2012/03/13，〈中科見二林園區恐生變〉，聯合報，A11版。

39 蔡永彬、陳文星，2012/06/01〈「對得起土地」中科四期用水大減〉，聯合報，A21版。國科會新方案強調產業組合調整，光電比重大幅調降，每天用水量將從16.5萬噸減為2萬噸。

當問題。不過，爲使開發不受影響，中科局持續上訴。[40]2014年1月，最高行政法院以法院應對「行政處分之合法性進行審查而非妥適性審查」爲由，撤銷原處分，發回台北高等行政法院重新審理。[41]中科四期的法律訴訟爭議仍是進行式。

　　回到爭訟七年的中科三期七星基地環評，前述提到2010年最高行政法院撤銷環評結論確定後，環保署以「續審」的方式作成第二個環評結論，后里農民則再度提出了環評結論撤銷訴訟（以下稱第二次撤銷訴訟）。此二次環評撤銷之訴在北高行一審階段判農民敗訴，但2013年3月14日最高行政法院將原判決廢棄並發回北高行更審，[42]其判決書中批評環保署「以事先預測的可能成果，作爲免除繼續進行第二階段環境影響評估的理由，於論理上倒果爲因」，以及「環保署未加細究，遽認系爭開發行爲不須進行第二階段環境影響評估，原審法院對上開重要事證亦漏未審酌，遽予維持，自嫌速斷」等。其後，北高行承審法官公開心證表示，判決將受最高行之發回意旨所拘束。

　　基於法院意旨已清楚表明，中科三期99年環評結論面臨被法院撤銷幾可確定。但或許因爲過去法院判決從未起實質效用，北高行破天荒提出和解方案，[43]希望兩造可以達成化解僵局的共識。不過，和解尚未展開，環保署就急於在2014年1月21號的第254次環評委員會，[44]在沒有邀請任何原告出列席的情況下，做出要「繼續進行第二階段環境影響評估」的決議，且明訂「原審查結

[40] 鍾聖雄，2012/10/11，〈選址不當 法院撤銷中科四期開發許可〉，公視PNN。取自 http://pnn.pts.org.tw/main/2012/10/11/%E9%81%B8%E5%9D%80%E4%B8%8D%E7%95%B6-%E4%B8%AD%E7%A7%91%E5%9B%9B%E6%9C%9F%E9%96%8B%E7%99%BC%E8%A8%B1E5%8F%AF%E9%81%AD%E6%92%A4-%E4%B8%AD%E7%A7%91%E5%B1%80%E6%8F%9A%E8%A8%80%E4%B8%8A%E8%A8%B4/

[41] 最高行政法院103年度判字第59號判決。

[42] 最高行政法院102年度判字第120號判決。

[43] 法官所提的和解方案共計六項，相關內容可參閱下列網址：http://www.stormmediagroup.com/opencms/news/detail/739d286d-a374-11e3-9f4a-ef2804cba5a1/?uuid=739d286d-a374-11e3-9f4a-ef2804cba5a1

[44] 環保署第254次環評審查委員會討論案由爲：「『中部科學工業園區第三期發展區（后里基地─七星農場部分）開發計畫環境影響說明書』審查結論訴訟經最高行政法院102年判字第120號判決後相關疑義討論案」。

論失其效力日期爲繼續進行第二階段環境影響評估作業以踐行法定資訊公開、公眾參與程序後完成審查公告之日」。[45]

乍看之下，環保署好像領受了法院意旨，終於願意進入了農民、環保團體以及法官早在六年前就提出中科三期環評應進入第二階段的合法妥適性。不過，當中科三期七星基地已近全部完工，廠商也早已入園區營運多時，在環境已無可能回復到中科入駐之前的情況，科技部也悍然拒絕園區停工的可能性，此時再進行較爲嚴謹的二階環境影響評估，似乎反而凸顯二階環評程序作爲「合法化」環保署將被判決違法行政處分的「橡皮圖章」性質。

不過，在贏得訴訟卻無力改變實質開發營運的既成事實下，原告最後選擇透過法院進行和解。和解內容包括在五大報及環保署全球資訊網首頁刊載法院撤銷判決摘要與和解協議，並成立公益財團法人投注環保與環境權之保障，以及修改監督小組組成落實獨立監督等。2014年8月8日，在冗長的談判與法院見證下和解成立。[46]2014年9月15日，環保署在原告要求其需向社會大眾（尤其后里居民）道歉的堅持下，依照和解內容，於五大報全國版刊登和解協議。[47]於此同時，自2014年4月展開的二階環評範疇界定討論，也在如火如荼的進行，后里農民則繼續參與二階環評，在評估與檢測範疇與項目中，提出爭點與中科交鋒。[48]

---

[45] 參見行政院環保署環評審查委員會第254次會議紀錄之決議。
[46] 原始和解筆錄全文可參考蠻野心足網站http://zh.wildatheart.org.tw/story/134/7620
[47] 環保署於五大報刊載之內容，可參閱環保署網站http://www.epa.gov.tw/ct.asp?xItem=35105&CtNode=34088&mp=epa
[48] 賴品瑀，2014/08/12，〈中科三期和解　重啓二階環評　土污、用水成爭點〉，環境資訊中心。取自http://e-info.org.tw/node/101407

第四節　評估專業眞「科學」？

一、科學不確定性與行政裁量

　　從前文的描述中，我們可以發現行政法院對於環評結論的違法判定，係認開發行為對環境有重大影響之虞，應進入二階審查，才能保障公民參與實踐，防止行政裁量恣意濫權之流弊。中科三期的判決清楚指摘行政機關的行政處分是「出於錯誤事實認定或不完全之資訊」，在開發單位未提出健康風險評估及「遽認對國民健康及安全無重大影響」，構成裁量權之濫用違法。[49]但環保署不甘示弱地在各報刊登大幅廣告反擊，指摘行政法院破壞現行環評體制，認為環評法第8條「對環境有重大影響之虞」，乃「屬高度不確定法律概念，需藉環評委員之專業對高度專業性事實予以認定……法院應尊重獨立委員會專業審查及判斷裁量餘地」。[50]

　　的確，面對充滿複雜性、不確定與歧異性的環境風險評估，如何進行妥適的行政裁量，是當今環境決策的一大難題。一些研究指出，在公共政策中，有效的風險管理，幾乎等同專家進行量化的科學評估，而環境管制的科學技術取向（technology orientation），大量主導了風險評估與政策議程（Fischer, 2003）。在這樣的風險管理取徑中，科學理性的反覆辨證與握有科學知識詮釋權的專家，扮演相當重要的角色（Renn, 2005）。

　　不過，科學發現本身，往往具有高度的不確定性，政策機構經常需要在不完美的知識下進行決策。倚賴科學專家的風險決策模式，在現實世界的運作中其實充滿了限制。Jasanoff（1990）的研究顯示，強調科學專業的決策模式，常遭質疑是一種操弄決策的政治選擇。她認為，科學諮詢機制中如何挑選專家、如何框架討論議題，以及如何決定專家建議在決策中的比重，都還存有許多歧見；而將科學運用在風險評估之中，更無法將其中的「價值」成分抽離。

---

[49] 最高行政法院99年度判字第30號。
[50] 摘錄於環保署在2010年2月10日於五大報刊登「環保署『依法行政』澄清近日讀者投書及環保團體對於中科三期審查及法令的誤解」內容之一部分。

這使她進一步質疑，將風險問題科學特性化可以導出較好政策的預設，從而強調科學「事實」的社會建構，挑戰科學事實具客觀標準的正當性見解。

尤其環境行政常有迫切的決策壓力，相關因應決策的科學證據需要快速產出。當行政機關無可避免地依賴間接、或是不確定的證據資訊，進行評估與管制的判斷與決策，相關之行政裁量空間逐漸擴大。無可否認地，「科學性」的行政準則，成為行政機關專業中立形象與行政正當性的最佳支柱，同時也強化了行政決策者的科學證據運用，以及與專家之間的連結（Jasanoff, 1995）。但環境決策裁量在充滿科學爭議的問題界定、資訊不足，以及跨領域專家之間所存在的不同理解中進行，過程並不如想像中的中立、客觀與可靠。因此，將環境問題化約為科學問題，並期盼透過更多的科學辯證，減低政治干預，並減少環境衝突，不一定能如人所願。

儘管如此，我們絕非天真的倡言科學無用論，但要以有限度的科學知識來作為涵蓋層面更廣的環境決策的依據，其正當性自然會受到質疑與挑戰。「科學」如果要在環評決策裁量扮演重要的角色，我們需對科學的政治本質有更深刻的認識，才能建構一個較為健全穩健的環評知識基礎。而中科三、四期環評中的「科學」辯證，恰提供我們一個檢視科技政治的絕佳機會。

二、「資訊」、「法律」與「行政資源」框架內的「科學」評估

以中科三期行政訴訟焦點的健康風險議題為例，開發單位在環評階段因顧慮廠商化合物配方專利權的問題，並不提供完整化學物質使用資訊，環評委員質疑這樣的評估有缺失，中科管理局雖承認約有百分之五的化學物質使用沒有掌握，但強調可藉由「煙道檢測，把可能排放的物種全部，都把它分析出來……」。[51]至於檢測出來的化合物是否有毒性問題，中科表示，「（法

51　〈中部科學工業園區后里園區開發計劃第二次聽證會會議紀錄〉。台中：中科管理局: 207-8 www.ctsp.gov.tw/files/f4af1270-3e34-4b88-904a-8d6443914328.pdf

律所規定的）毒性化學物質、物種都有列出來，污染的部分是指超過管制標準……」。而是否在管制標準內就沒有問題呢？在聽證會上，開發單位方面的回應是「它還是有毒，只是它的毒不至於造成明顯的危害，應該是這樣解釋」。[52]至於一些被獨立研究者所測出的稀有元素，包含Sn、Sb、Se、Tl、In、Ge……等，質疑者指出並沒有出現在環評書的原物料資料表中，開發單位表示，所有原物料是混合物，可能會有微量的成分，但「環說書裡面本來就沒有要求提報可能會有那些元素，那是不同的管制」。[53]換言之，在合於法律要求的框架下，開發單位解釋新興化合物中微量元素的危害並不嚴重，環境影響評估中不完整的資料呈現也有合理性。

　　而符合放流水標準的承諾，是開發單位通過環評的護身符，也是通過環境檢測的基準，更是說服民眾低污染無風險的保證。在中科后里園區聽證會中，開發單位表示「中科放流水原始導電度偏高一點，但離子成分都不是有毒成分，都無害的」[54]「中科放流水的水質檢測結果，關鍵項目的濃度其實比可以保護人體健康相關環境基準還要更低」。[55]但放流水管制標準僅要求基本的酸鹼值、溫度、真色色度、化學需氧量（COD）、生物需氧量（BOD）與懸浮微粒（SS）等，高科技製程中衍生的化學物質，如氟離子、磷酸根離子、銦、鎢等物質皆不在管制之列。把合於放流水標準擴大解釋為對環境、人體沒有影響，引起相當大的爭議。

　　我們發現，科學在此似乎無法詳盡描述污染排放承受水體中的「毒物」，以及其所可能造成的健康衝擊。如果廠商沒有公布製程所需的完整配方，檢測單位無從監管，未知物質將成為隱性的公共安全風險因子。而依賴開發單位委

52　〈中部科學工業園區后里園區開發計劃第二次聽證會會議紀錄〉。台中：中科管理局：180
　　www.ctsp.gov.tw/files/f4af1270-3e34-4b88-904a-8d6443914328.pdf
53　〈中部科學工業園區后里園區開發計劃第二次聽證會會議紀錄〉。台中：中科管理局：248
　　www.ctsp.gov.tw/files/f4af1270-3e34-4b88-904a-8d6443914328.pdf
54　〈中部科學工業園區后里園區開發計劃第二次聽證會會議紀錄〉。台中：中科管理局：91
　　www.ctsp.gov.tw/files/f4af1270-3e34-4b88-904a-8d6443914328.pdf
55　〈中部科學工業園區后里園區開發計劃第二次聽證會會議紀錄〉。台中：中科管理局：149
　　www.ctsp.gov.tw/files/f4af1270-3e34-4b88-904a-8d6443914328.pdf

託的風險評估，也影響了科學證據的產出與環境健康影響的判定。以中科三期的健康風險議題為例，在環評有條件通過後，中科管理局便委託中華工程顧問公司執行「開發計畫飲用水與空氣污染健康效應暴露評估」。在健康風險評估說明會中，地方團體代表質疑中科委辦的風險評估範圍太過侷限，只針對廠商的煙道氣體排放進行採樣評估，飲用水僅評估自來水部分，而沒考量沿岸地下水可能的污染風險。

執行團隊在聽證會上坦承健康風險委辦計畫的侷限：

　　我們考慮是廠方由空氣排放的污染源，這樣子，好不好，就是說目前我們受委託工作的範圍是在這裡……，廢水的部分，在這個評估裡面，目前是沒有包含，這一點我要跟大家講明，我們需要清楚廢水這部分目前這個評估是沒有包含……。[56]

面對民眾和學者的質疑，中科管理局回應以「評估方法為一個多介質的評估模式，不只是針對空氣的部分，空氣的部分也包含它最後沈降在飲用水、地下水及土壤的部分」。[57]表面上，這個風險評估計畫涵納民眾所關心的排放水、廢棄物、土壤等面向的問題，不過，細究整個風險評估的採樣設計，是透過三次對廠商在竹科及龍潭的廠房進行煙道檢測所得之平均值，模擬評估廠商未來的排放氣體，其擴散至植物、土壤及水中，對人體可能造成的風險。這樣的評估計畫假定了單一的風險來源一煙道排出的廢氣，忽略了如灌溉水污染對農作生態的食物鏈影響等其他可能的風險源。健康風險評估在開發單位的預設議程中，鎖定在空氣污染的排放檢測範疇，並依此編列相關檢測經費。

執行此健康風險評估的研究成員坦言，這樣的評估在有效性與預測性上有其限制，但在商業機密與計畫合約經費的束縛下卻難以突破。而為能進行煙道

---

[56] 〈中部科學工業園區后里園區開發計劃第二次聽證會會議紀錄〉。台中：中科管理局:17
www.ctsp.gov.tw/files/f4af1270-3e34-4b88-904a-8d6443914328.pdf
[57] 〈中部科學園區第三期發展區（后里基地—七星農場部分）開發計畫2009年3月17日健康風
險評估民眾說明會議紀錄〉。台中：中科管理局。

檢測，學者更簽署限期的研究保密合約，以換取資料完整提供與進入工廠的管道。[58]看似客觀的科學評估，其實是在種種的限制條件下進行，並且必須面對許多不確定因子。例如，科學園區未來進駐的具體產業類別與廠家，可能隨著政治經濟的發展而充滿變數，就算進駐廠家確定，不同廠房所引進不同世代的製程，仍弱化了目前使用風險評估方法的可預測性：

> 風險評估應等廠商確定了再來做……因為現在做的你也不是根據它（進駐的廠）做的……是根據……同樣類型的工廠去測煙臭味，不是實際的進駐廠商，所以那不確定性都太大了。[59]

三、「科學事實」的認定與「可接受、可忽略、可管理」的風險

Corvellec和Boholm（2008）檢視瑞典風力發電的環評過程，發現風險論述的建構策略，影響環評區辨風險與非風險的判準。透過關連（如類邏輯化的論證，連結尚未被接受的結果與被接受的事實基礎）以及非關連（不存在、可忽略、可管理）的修辭論述，操作風險的可接受度。這份研究指出了風險論述背後的權力運作，強調技術文件的修辭調性深受機制力量的影響，操作著風險溝通的走向。如果沒有檢視論述背後的邏輯連結與未解的價值和被隱沒的風險，以及語言選擇、形式與呈現的意涵，將無從理解被簡化的風險課題，實踐真正的風險對話與溝通。

上述科技政治的洞見協助我們進一步審視，在複雜的風險議題中，決策者如何透過「科學」的框架，將風險決策與風險分配的議題去政治化？掌握論述權的決策者，又如何主導科學知識的評估與解讀，操作風險的可接受與否？以中科四期環評審查過程為例，環保署自2009年9月3日起，至2009年11

58　訪談風險評估專家SW，2009/09/27。
59　訪談風險評估專家SH，2008/11/06。

月30日止，總共發了19篇的新聞稿（詳見表2-1），強調「科學事實」與「專業審查」，並將外界的質疑駁斥為「混淆視聽的錯誤陳述」、「信口開河」（E1）、「政治語言」（E11）、「事實不符且誤導民眾」（E3、E6）、「聳動、不實」（E15）、「言論缺乏科學論證而恣意發言」（E16）、「人云亦云」（E17、E18），突顯其說法的「專業理性」、「正確性」與「科學性」，積極爭取對「事實」的詮釋權與定義權。

表2-1　中科四期環評爭議 環保署新聞稿列表

日期	編號	作者	標題
2009.9.3	E1	EPA	中科四期廢水排放何處尚無定論 環評委員獨立審查
2009.9.13	E2	EPA	環保署強調環境影響評估審查應基於科學事實
2009.9.23	E3	EPA	環保署說明中科二林園區廢水改排爭議
2009.9.30	E4	EPA	環保署加強對高科技產業污染管制
2009.10.6	E5	EPA	環保署要求給環評委員獨立的審查環境
2009.10.9	E6	EPA	中科二林園區廢水排放爭議 應由環評進行專業審查
2009.10.12	E7	EPA	環保署說明高科技產業園區開發環境影響評估審查，將要求比照歐盟REACH制度
2009.10.14	E8	EPA	中科四期環評審查 務求環保與經濟發展兼籌並顧
2009.10.14	E9	EPA	中科四期廢水排放環評初審嚴格把關
2009.10.16	E10	EPA	中科四期環評初審 不容任意污衊
2009.10.19	E11	EPA	中科四期開發案 環保署呼籲勿以政治語言混淆環評結果
2009.10.21	E12	EPA	環保署說明中科四期廢水排放事宜
2009.10.30	E13	EPA	中部科學工業園區第四期（二林園區）開發計畫環境影響說明書
2009.10.31	E14	EPA	中科四期環評在專案小組結論基礎上 委員會作出更嚴謹的決議
2009.11.2	E15	EPA	請秉持事實審視中科四期環評審查結果
2009.11.2	E16	EPA	科學園區是否污染 學者言論應講求事實論證

2009.11.4	E17	EPA	環保署澄清事實 強調言論不應背離事實
2009.11.6	E18	EPA	環保署強調尊重環境民主
2009.11.30	E19	EPA	中科四期環評審查 務求環保與經濟發展兼籌並顧

　　進一步細究環保署的「科學事實」認定，主要強調專家專業與科學事據，主張環評審查過程是「中立、客觀、科學與專業的討論」（E11）。2009年10月13日環保署於第五次初審延續會議通過「建議有條件通過環境影響評估審查」結論後，隔天新聞稿中重申專家意見已經對民眾的擔憂做了回應：「專案小組參採與會水產專家意見，要求放流水量低於每日六萬公噸的初期與中期開發，廢水應排放至舊濁水溪與濁水溪之河口，已不會對農業灌溉使用造成影響……」（E8）。並表示環評就開發單位提出之替代方案「以經驗與學理為依據進行專業審查」，其所列十五項條件，即為「**專案小組認定本開發進入安全可接受的範圍須補充之措施**」（E12）。在回應外界質疑，更強調環評委員係「秉持著本身**環保專業學識**及已調查**確認的科學事實證據**……環評委員認為在這些條件與承諾的要求下，中科四期開發案對環境的風險程度是可以接受的……」（E15）。

　　環評會中專家基於經驗及學理的專業審查，是環保署通過環評據以憑恃的科學事實，外界的質疑代表著政治干預，為維護環評的獨立審查空間，環保署不容任何政治的汙衊。不過，這個環評依據科學事實的說法，駁斥外界缺乏科學理性的質疑，卻時而配合行政院政策而轉彎。本案才完成專案小組初審，作成建議有條件通過開發案後數日，當時的行政院長吳敦義接見雲林縣長與兩黨立委時，提出「採取專用放流管向海洋延伸3公里，以及完全回收提供國光石化再利用等」方法。[60]但海洋與河口潮間帶屬生態敏感區，依據環保署所訂之「開發行為環境影響評估作業準則」與「海洋生態評估技術規範」，皆詳細

---

[60] 胡慕情，2009/10/26，〈常識凌駕專業，環保署好壞〉。取自http://gaea-choas.blogspot.com/2009/10/blog-post_3568.html

載明調查時間需跨兩季，也有規定頻率、物種資源與替代方案之調查等，這些法律規定之審查事項，需要更多時間進行詳細評估。[61]但一再強調科學專業審查、駁斥外界「政治干預」的環保署，則以政院方案「明顯爲民衆做得更多」，且海洋放流稀釋量大，「對生態來說一般沒有影響」爲由，[62]表示這是「較環保署環評委員會未來以經驗及學理專業審查認定安全可接受的環境影響減輕措施更高規格的處理與排放方式」（E12），所以不需重審這個方案。

環評的「科學事實」爭議，更存在於風險修辭學的操弄。如Corvellec與Boholm（2008）所指出，以「不存在」（對於風險作爲客體存在的拒絕）、「可忽略」（承認風險存在，但影響很小以致於可以合理的忽略它）以及「可管理」（認爲風險可透過計畫、監測與評估加以控制）的宣稱，來操作「可接受風險」，更在中科四期環評爭議裡具體而現。

當外界質疑台灣過去高科技污染問題未能妥善解決，尤其在鬆散的管制下，「合法不等於沒污染」、「目前缺乏科學數據也不等於沒問題」，[63]既有高科技放流水嚴重影響溪流的飲用與灌溉品質；[64]環保署一面嚴正駁斥這些說法缺乏科學論證，強調「台灣已運作之數處科學園區，迄今尚無嚴重污染而造成鄰近地區生活品質大幅低落之事證發生；再者，中科四期案之環評審查要求亦屬歷來科學園區嚴格要求之最……」（E16），以既有高科技園區廢水放流口下游河段許多魚種活動正常，強調外界質疑的生態及農業污染風險並不存在。

當民間投書呈現更多調查採樣的證據，顯示將廢水排放至甲級河川霄裡溪的光電廠，出水口下方沒有採集到任何魚體，確實有生態污染；農業污染也可

61　詹順貴，2010/10/30，〈中科二林園區環評大會第185次會議書面意見〉。取自http://zh.wildatheart.org.tw/archives/aecaecec185eeeaeee.html
62　胡慕情，2009/10/26，〈常識凌駕專業，環保署好壞〉。取自http://gaea-choas.blogspot.com/2009/10/blog-post_3568.html
63　邱花妹，2009/11/06，〈環境民主爲什麼不進反退〉，中國時報，時論廣場/A30版。
64　杜文苓，2009/11/02，〈連福壽螺都活不下去 還牛〉，自由時報，自由論壇。取自http://news.ltn.com.tw/news/opinion/paper/347673

從農田水利會監測數值「超限、異常」來說明。[65]環保署一方面指出「導電度高與土壤鹽化有關，非有害物質不符標準」（E17），說法中隱含土壤鹽化是自然既存或不明原因的現象；另一方面表示「部分河段當地原生物避難不見現象，卻是在環境工程上考量可接受的環境影響時，認為放流水與溪流水匯流混合完全以前，<u>必然發生的局部效應……顯示放流水影響之侷限性</u>」（E17）。也就是說，即使有污染發生，因為該污染現象是必然而局部的，故也是<u>可接受</u>的。

　　風險輕微可忽略的說法進一步表現在回應媒體報導沿海養殖污染以及加重地層下陷的隱憂，在環評專案小組初審會議結束後，環保署發布新聞稿指出：

> 　　環評結論建議中依河川稀釋度及養殖業不受污染為前提，決定了中科四期汙水處理後更嚴格的放流水污染物限制……施女士無視微量的銅仍是人體需要的元素，持續於昨日報導中表達其憂心…結論建議中作了管制地下水超抽，施女士無視此規定，仍持續於昨日報導中表達對地層下陷的憂心（E11）。

　　暗示中科四期排放水中含有人體需要元素，故該化學物質存在於水體中是「可接受的」，而地層下陷問題，也是「可管制的」，民眾的憂心是無視政府管制承諾的「非理性」表達。

　　環保署一方面否認既存開發案所造成的環境影響，為中科四期環評闖關辯護；另一方面，當外界批評現有新興化學物質管制，彷彿以19世紀的放流水標準，管理21世紀的產業，環保署承認高科技產品與製程經常創新，使用的有害或有毒物質對環境影響不明，一旦排放進入環境中，目前的法令並不能有效掌握或全面管制（E2、E6），進而強調將引進「當前全世界最為嚴格的化學品監控管理的歐盟REACH制度」，納入環境影響評估制度中（E4），顯示高科技有毒物質的可管理性。

---

[65] 朱增宏，2009/11/04，〈霄裡溪的水 環保署的嘴〉，自由時報/自由論壇。取自http://news.ltn.com.tw/news/opinion/paper/348226

　　環保署的回應內容雖強調專家審議的客觀中立，呈顯出一種握有事實證據的「科學」專業姿態，並教化缺乏數據事證的「非科學」常民。不過，強調「科學」的環評制度，並無法脫離決策場域的政治運作。整個環評過程有關廢水放流口設置一再變動未能定案，行政院長與政務委員更不斷出面協調，甚至提出不在「科學審查範圍內」的新方案，為開發案限期解套的「科學」詭辯徒增質疑，也降低環評審查的專業性。[66]以科學外衣將決策去政治化的菁英理性技術決策，貶抑了民眾對於包含倫理與社會議題的風險關切，模糊了風險問題的焦點，更生動地呼應了Jasonoff（1990）所言，科學專業的決策模式，往往是一種操弄決策的政治選擇：哪些屬「科學範疇」，哪些屬於「政治決策」，背後都有一雙權力的手默默運作。

第五節　民主缺位的環境決策程序

一、環評過程中公民參與的阻礙

　　一些有關台灣環評制度內的公民參與研究顯示，民眾意見能夠影響環評決策的機會並不多見，既有程序重形式而輕實質，整體而言是一種單向溝通式的弱度參與（葉俊榮，1993；朱斌妤、李素真，1998；曾家宏、張長義，1997；王鴻濬，2001；王迺宇，2006；杜文苓，2010）。不過，中科三期的環評爭議中，我們看到公民團體與地方居民高度的能動性，拉大了公民參與的空間。這樣的發展有其特殊之背景因素：參與社運網絡的環評委員在體制內倡議資訊公開，提案邀請利害相關人與會，並於環評附帶決議中要求更多的風險溝通與環保監督機制，在體制內增強公民參與的代表性，使後續環境影響得以仔細逐一檢視（杜文苓、彭渰雯，2008；許靜娟，2009）。但這也同時突顯另一個重要的問題：現行環評審查制度中所提供公開說明會與環評專案小組審查列席等有

66 朱淑娟，2009/10/14，〈中科四期二林園區環評初審過關，環評承諾不容打迷糊仗〉，環境報導。取自http://shuchuan7.blogspot.com/2009/10/blog-post_4395.html

限之公民參與管道,對於釐清環境問題,促進風險溝通,成效不彰。事實上,中科三期環境問題的釐清,皆在環評有條件通過(做完行政處分後)的後續會議論辯交鋒中形成。

　　傳統環評審查過程中所提供的公民參與機會其實相當有限,我們的研究調查發現,在中科三期園區籌備規劃階段,地方民眾並不清楚,為達成加速設廠進程的目的,中科管理局以徵收國有台糖土地為主,避開徵收私有地的爭議,公部門並無積極告知民眾或宣傳環評審查前的說明會。而說明會的舉辦,也多流於宣傳說明園區可以為地方帶來的經濟效益與繁榮,對地方環境的影響則是輕描淡寫,一位居民談到他對說明會的觀察:

　　　　他只是說他們來地方上所做的建設,他們要怎麼建設,他們往後要怎麼污水處理,反正他們說的……幾乎百分之百沒有污染啦……他說的都很好!可以促進地方的繁榮啊!然後可以增加后里的就業機會啊,可以地方上土地升值啊類似的,反正可以把后里打造成一個像黃金一樣了。[67]

　　環評有條件通過後,附帶決議要求舉辦地方說明會,但許多民眾表示,這麼多場的會議,開發單位多是實問虛答,對於環境影響問題,總是以高過國家標準的規格、符合放流水排放標準等制式回應。對於舉辦頻繁的地方說明會,一些民眾認為是一種宣傳的工具,告訴你政府將在這地方做某些事,沒有什麼承諾或具體說明。[68]有些人更將之理解成一種運用公民參與背書的工具,只要有人參加說明會,就代表完成了一個參與過程。[69]一些民眾進一步表示,公部門並無認真看待民眾的意見與建議,針對他們認為關鍵的問題(如能否保證不會排擠農業用水、放流水排放影響等),並無具體肯定的回應與承諾。[70]

　　雖然地方民眾對於政府在說明會中的資料準備與資訊提供上多有不滿,但

---

[67]　訪談后里居民CF,2007/12/03。
[68]　訪談后里居民CL,2007/12/03。
[69]　訪談后里居民CF,2007/12/03。
[70]　訪談后里居民CF、CL,2007/12/03。

一般公民在中科三期開發設置爭議中，較過去有機會取得更豐富多元的資訊。如前所述，中科三期的設置於第六屆環評委員會期審查，其中多位環評委員長期投身於環保運動，注重民眾在地環境現況的觀察與瞭解。透過制度內要求環評說明書的上網公開，中科三期環評相關資料在環保團體專家學者群中得到瀏覽討論的機會，並藉由環保團體的網絡與行動，與當地關心居民共同審閱討論，協助環評會議時的質問與建議（杜文苓、彭渰雯，2008）。

　　相較之下，環保行政機關在二次政黨輪替後的2009年，於公民參與程序上訂定一些新的規範。2009年4月，環保署陸續頒布環境影響評估公聽會作業要點（根據環評法第12條），以及環境影響評估公開說明會（根據環境影響評估法第7條第3項、第8條第2項），規範居民代表、相關團體等旁聽環評相關會議之申請辦法與參與限制，並明定網站公布、地點、通知對象、場地規劃等細節，強調資訊公開與擴大民眾參與之立法施行原則。不過，此要點在草案階段，即備受環保團體與媒體記者的質疑，[71]其對於人數上限、發言時間與次數的限制、更引發後續民眾參與環評之爭議。

　　此外，為解決環評審查中日益增多之爭議，環保署在環評初審會議作業中，設立了「專家會議」機制。這個環保署稱為「民眾參與、專家代理」的機制，希望藉專家間專業對話，進行「價值與利益中立的、客觀的查核與討論，釐清爭議事實，以兼顧環境影響評估審查品質及效率」。[72]然而上述環保署強化民眾參與以及建立客觀討論機制的作法，卻備受環保團體的挑戰與責難，顯示環保署與民間團體在環評的公民參與想像上存在嚴重落差。

　　中科四期環評過程即反映著這個對於參與想像的落差，總共十三場會議（包含延續與專家會議）中所提出的上百個問題，在環保署根據自訂的「旁聽要點」以及「延續會議」等規則限定下，每人3分鐘的發言時間、各方代表人

---

[71] 楊宗典，2008/07/30，〈環署「不能說的秘密」演繹集？「環評旁聽要點」死灰復燃！〉苦勞網。取自http://www.coolloud.org.tw/node/24596。楊宗典，2008/12/04，〈環署擬限制環評旁聽發言 環團批：進一步退兩步！〉，苦勞網。取自http://www.coolloud.org.tw/node/31222
[72] 有關專家會議機制的討論，我們在本書第四章有詳細的分析。

數限制，與統問統答的回應模式，都使意見表達流於各說各話，而沒有進一步對話質問的空間。

　　針對此案所引發的環境爭議，在環評審查第二次初審會中，即有立法委員助理要求依行政程序法第164條進行公開及聽證程序，[73]以公開言詞或書面資料進行陳述或辯論，日後民眾權益如遭受侵害，得以此紀錄作為訴願及司法訴訟根據。但國科會並不贊同，表示過去舉辦中科三期聽證會經驗顯示「對爭議釐清效果恐屬有限。」並認為「環評專業審查程序中，機關言論及承諾事項均將做成紀錄，政府公文書本身就具備拘束力，機關未來作為均將受此規範」。[74]更說明「本案有開發時間壓力」，會依權責把計畫做好送審，不致於有集中事權之效疑慮。[75]

　　國科會的回應顯示，開發時間壓力使環境影響議題無法廣泛而細緻的溝通。政府不願開啟實質溝通的對話機制，卻在決策預設之時間點上，動用優勢警力，以維護秩序與獨立審查之名，限制或指責民眾意見之表達。幾次的專案小組會議，環保團體與地方居民為阻擋此案一階通過，強力動員。環保署外大批警力嚴陣以待，大多數雲彰北上民眾在場外舉牌抗議，有時數十人次（一人3分鐘）發言完畢後，主席即宣布未完成會議議事程序，「由於相關團體與居民代表已表達意見，因此不再開放發言，也不再容許擾亂會場脫序行為發生」（E5）。

　　雲彰兩地農漁民多次到環保署前抗議，環保署的作法是在大樓外圍一條街外封路管制，必須出示證件穿越。環評大會決議當天，會議中僅允許民間團體

---

[73] 行政程序法第164條：「行政計畫有關一定地區土地之特定利用，或重大公共設施之設置，涉及多數不同利益之人，及多數不同機關權限者，確定其計畫之裁決，應經公開及聽證程序，並得有集中事權之效果。」
[74] 行政院環保署，2009/05/12，〈「中部科學工業園區第四期（二林園區）開發計畫環境影響說明書」專案小組第2次初審會議紀錄〉。取自http://atftp.epa.gov.tw/EIS/098/E0/06799/098E006799.htm
[75] 行政院環保署，2009/05/21，〈「中部科學工業園區第四期（二林園區）開發計畫環境影響說明書」專案小組第2次初審會延續會議紀錄〉。取自http://atftp.epa.gov.tw/EIS/098/E0/07403/098E007403.htm

與地方居民派十位代表發言，旁聽室與會議室中隔著一列警察，叫到名字才可進入會場發言。就在民間團體認為爭點未釐清，應進入二階環評的呼喊聲中，環保署宣稱通過史上最嚴謹環評條件，一階有條件通過中科四期環評審查。但民間團體批評，這樣的行政作風，「不僅忽略風險決策之複雜性與公共性，還放大環境問題的爭議性，使公民無法信任政府，環境爭議無法和平理性地解決。」[76]

中科四期環評後段審查，在重重警力包圍下進行，引起後續民間多篇投書批評，認為環保機關為求限期通過，阻擋雜音進入，不顧程序正義，尤其運用「延續會議」模式，阻卻民間代表在環評審議作結論當天的表意，逕行讓開發單位統答民眾先前問題，卻不用面對任何答詢回覆的壓力，無異剝奪對話與釐清問題的空間。尤其「旁聽要點」或「延續會議」等內規，更是阻礙民間團體參與攸關公眾利益的環評審議，重傷風險溝通與環境民主。環保署在其強調尊重環境民主新聞稿一文中，則強調中科四期審查案「從初審到大會，相關民眾團體於每次會議都有發言，發言超過160人次，如以每次發言3分鐘保守估計，實際發言時間已達8小時」（E18），表示已符合各種公眾參與及決策的民主措施，並認為「環評應以專業審查為主，權益相關者之參與機制亦應予以保障」，維護會議基本秩序之要求，不應認為是「剝奪發言空間」（E15）。

環保署在中科四期爭議中雖然標榜「環境民主」，卻沒有省思現行參與機制無能促進實質溝通的問題。行政機關一再重申相關會議已提供民眾超過160人次總共8小時的發言，將每人入場發言三分鐘與內容紀錄的公開，視為環境民主的實踐。但不曾言明的是，環評審查一開始並未主動廣納與徵詢環境影響利害相關人之缺失，動用優勢警力妨礙民眾自由表意的行政過當，民眾意見與問題從未被充分回應釐清，以及制度內參與不鼓勵對話審議的獨斷規則。更無法說服於人的是，在重大爭議尚未解決，環境影響層面仍存有許多顧慮，何

---

[76] 台灣「科技與社會」學會對「中科四期環評爭議」的聲明。取自http://socio123.pixnet.net/blog/post/29799604

以不能進入環評二階審查，踐行更緊密的公民參與程序？忽略以上實質參與的實踐課題，徒使強調資訊公開及公民參與的新聞澄清稿成為環境民主的最大反諷。

二、擅開程序巧門戕害行政正當性

除了上述民眾參與的程序設計與操作方式難以回應環境民主理念，中科三期的纏訟過程，更顯示環保行政機關不顧法院對其裁量恣意濫權之提醒，為了維護廠商之信賴保護，或強硬、或被動、或扭曲地回應與規避行政法院判決，竟開啟多扇行政巧門，不惜犧牲農民權益與地方環境，重傷環評法之威信。

在此過程中，我們看到環保署為讓園區在環評結論撤銷後能繼續施工營運，特將法院的環評撤銷判決，強行解釋成只適用於「自始未做過環評」的案例；不顧環評撤銷後應停止開發行為重啟環評程序，僅抓住法院判決中以健康風險評估為例指出環保署行政處分的瑕疵，強行以「環評續審」、「補做健康風險評估」等「產出結論」的程序補正作業，首度創下「邊施工、邊環評」的惡例；在「續審」的健康風險評估中，更以「后里的污染是歷史共業」，[77]做出不將后里既有風險納入評估這種違反健康風險目的與常識的結論，硬將這種有瑕疵的結論再行通過一次。

雖然環保主管機關的職責與進行環評制度目的，是為了替環境價值把關，並刺激其他政府單位在開發許可程序中優先考量環境因素。但行政機關為了中科三期所開設的各扇巧門，動心起念皆非從照顧后里環境與居民健康出發，而是為了保障園區廠商營作利益，為其他行政機關（如國科會，後改為科技部）解套或護航，以及保護行政疏失免於究責。當巧門走多又沒有及時的制衡、糾錯的管道（遲來的司法判決已無實質回復現狀的可能），久而久之便把斜路當

---

[77] 2010年8月25日中科三期后里基地七星農場部分第8次環評專案小組初審會議中，擔任主席的成大教授李俊璋指出：「后里的污染是歷史的共業、改善不是中科的責任」。

成正道，於是一步錯，步步錯，爭議在現狀已無可回復下越發不可收拾。

　　但行政之道不本於所賦權責，不但在法理上站不住腳，更反映在對行政權的侵蝕。[78]引發社會矚目的美麗灣案，台東縣政府面對環評被法院撤銷時緊咬環保署的法律見解，並如出一轍地操作二次環評的作法即是一例。環保署的行政正當性，無怪乎會受到挑戰與不信任。在冠冕堂皇的「依法行政」說詞底下，巧門一步一步的設立，而一旦開立巧門遂啓程序，環評委員與農民只能爲一個已知的結果跑跑龍套或賣力演出，行政程序的暴力事後看來一覽無遺。

　　罔顧司法判決對踐實環評立法精神的提醒，環保署卻希望藉由完成程序避免再承敗訴之責，而逕自將早已「有條件」通過一階審查的中科三期環評，於七、八年後進入二階審查，更重創了環評之風險預防與踐實公民參與原則。首先，環境影響評估法立法之意旨，爲「預防及減輕開發行爲對環境造成不良之影響，藉以達成環境保護之目的」，顯然無法規範木已成舟的開發案及其帶來的環境實害問題。尤其接續幾次在判決後將「邊施工、邊環評」變成環評爭訟中之常態，更嚴重戕害環評開發前預防與減害之目的。更甚者，環保署透過環評大會創造出一個原處分不廢止（或撤銷）卻重啓環評的決議（99年環評結論是一階有條件通過，並非進入二階，那麼當一階有條件通過的行政處分並未廢止或撤銷，其進入二階的行政處分依據爲何？一個開發案件可否允許同時有兩個環評結論？），等於自行另立了一扇巧門，試圖用行政程序以及環評大會決議，強行爲進入二階的正當性背書。

　　而這個行政程序的安排，找來不熟悉此案過往程序操作瑕疵與整件事情來龍去脈的環評委員，要求本案原告應該尊重環保機關對於此案進入二階環評的解釋權與裁量權，欲造成二階環評已進入實質審查的程序事實，則更凸顯程序操弄的詭譎與不正義。在2014年4月9日環保署舉辦中科三期二階環評範疇界定的第一天，許多委員表示自己只是依照環評主管機關界定權責下來貢獻保護環

[78] 法律學者對環保署曲解法律的指謫，可參考李建良（2010）、李惠宗（2010），以及中研院法律所出版的「2010行政管制與行政爭訟」一書中所收錄思辯論壇與談稿：pp. 507-624。

境的專業意見,他們對本案並無特定意見,也一定會本於專業職責好好審查。不過,當環評委員連續審環評基本的原則都無法守護,並要考量木已成舟狀況下,只好依據環保署創造的巧門劇碼配合演出,那麼,未來二階審查決議時,難道可以展現更大勇氣不考量廠商的「信賴保護」原則,來否決不當開發?如同中科環評七年多以來的爭議一樣,一旦開啟正當性不足的行政程序,其結果早已是不證自明的預言,所剩的也只是消耗各方時間精力的幽微暴力。

　　而如此設定的中科三期二階環評程序,對身陷於法律爭訟的農民其實是最無情的折磨。表面上是冠冕堂皇的踐行更嚴謹的公民參與,但實際上此程序並無助於減輕后里的污染實害問題,農民卻為了環保署「合法化」其違法行政處分,還需被迫不斷舟車勞頓北上「踐行」更多更緊密的公民參與程序。而現行二階環評的範疇界定、公聽會等,在目前開會模式缺乏聚焦對話、釐清爭點的設計下,也很難落實實質的參與。在結果早可預期下,這個參與義務成為在地農民不可承受之重。而環保機關迴避了「自始」所應承擔環境保護之權責,終難杜悠悠之口。不走正道的行政程序,不但可能受到司法的挑戰,更加深公權力與社會正當性的淪喪。

　　在「雙輸」的預知記事中,中科三期的原告與被告雙方在二階環評範疇界定會議展開的同時,開始和解方案的協商,共同商討各方可以接受的程序與機制,最後並在台北高等法院法官的見證下達成和解協議。訴訟雖劃下了句點,但如何真誠的檢討、面對過往錯誤,重整環評程序的信譽,才正是起點。

第六節　小結

　　本章透過中科三、四期環評爭議的分析,討論我國環評在科學評估專業以及民主實踐程序上的問題。我們發現,在資訊、法律與行政資源框架內的「科學」評估,充滿了決策應用上的限制,而科學不確定性也提供行政裁量的空間。在面對高度不確定的風險課題,如果主管機關可以善用行政權限,以更開放的決策模式,廣邀不同背景領域的專家與民眾共同討論,平衡科技知識、

政策判斷、與民主參與間的不同需求，將有助於環評做為決策程序平台之公開性與課責性。但遺憾的是，我們看到環保行政機關面對重大環境爭議，舉著科學事實與行政民主的旗號，將民間不同科學事證的提出，淡化為「可接受」、「可忽略」、「可管理」的風險。當環保行政機關緊握狹隘的科學事實認定，強烈駁斥其他的事實與意見，無形中扼殺了論辯說理與風險溝通的空間。

環評會議程序設計並無針對環境影響爭點一一對焦討論，缺乏利害關係人實質參與的公共程序，間接抹煞納入各方「科學評估」與「在地經驗」等專業意見的機會，而使環評決策的可行性備受質疑，實為目前環評制度中之重大缺失。環保署面對重大開發政策所透露出科技政治獨裁的本質，無法接受公評的科技政策，更與公眾企求的環境民主背道而馳。環保單位不願正視環評急切通過背後的政治思考，從而強化程序制度的設計，重拾大眾對政府與環評的信任，卻欲用狹化的科學專業認定、權威式的公眾回應，以及扭曲司法判決意旨，來正當化環評決策。這樣的操作，反而凸顯了政府部門對科學評估與環境民主的貧瘠想像。尤其面對法院判決的提醒，環保單位非但以狹隘的科學事實認定觀點，駁斥法院不尊重環評體制，更以窄化的法律見解，批評司法判決無效用與無意義，重創台灣法制。

問題是，當行政機關沾沾自喜以信賴保護原則維護廠商利益，並將其擴大解釋為公共利益，凌恃科學專業遂行風險教化，不思謙卑檢討現行環境專業評估的限制，與提升風險治理的行政能力，那麼，廉價的政治詭辯，就可以堂而皇之成為行政怠惰最佳藉口。除了台灣法治淪喪的警鐘，環境行政的失能，更將擴大既有的環境危機。

中科三、四期環評爭議與訴訟過程提供環保行政單位一個反躬自省的契機。現有的環評程序過於強調特定技術模式的評估方式，而提供審查的資料品質無法與開發計畫的利益關係脫勾，在審查基礎殘缺而薄弱的情況下，制度設計又缺乏提供不同於開發單位／或被管制者角度所生產的的知識／資訊進場，因而難以促成不同知識在政策場域中交互激盪驗證，尋求最貼近環境事實的真相與預評。換言之，現有的環境影響評估程序並無助於環境問題實事求是的提

問與解答。要改善上述困境，我們可能需要進一步思考，什麼樣的評估程序，才能產出客觀詳實的調查資料，經得起真正科學專業以及一般社會的檢視？

　　當前環評制度改革的關鍵，或許應找出（或設計出）可以促進評估知識健全的程序制度，協助決策者在較為真實而充分的資訊下，進行理性的判斷與行政裁量。而一個健全的環評知識，實有賴於更多元開放的方法與態度，致力於環境問題本質的釐清。本書導言中討論的科技與社會（STS）研究特別強調，當今的風險治理，應重視公眾知識的複雜性和豐富性，並嘗試將人民的知識、技能、經濟利益與道德價值等整合進治理層面。透過專家與常民交會互動的「共同生產」（co-production）過程，來提升決策程序的正當性與知識產製的品質（Jasanoff, 2004a）。許多經驗研究已顯示，在重大環境爭議中，民眾的參與帶入更多相關評估知識交互檢證的機會，促使科學在更好的問題意識與假設檢定中扮演更好的角色。想要排除脈絡化與地方性的相關知識，而獨尊標榜客觀中立的科學技術，除了弱化評估的可信度，也戕害科學知識的公信力。

　　要提升環評效能，我們需要強化其知識建構的效度，使科學成為產製政策所需知識中一個積極主動夥伴，可以回應更多社群的聲音，並讓各種知識在社會與政治討論過程中不斷地被試驗、測試與修正。如何在行政程序設計中廣納不同型態知識並促其互動與聚合檢證，將是重建環評公信力之重要課題。我們也將在本書第二部分，針對環境決策中科學與政治的關係詳加討論。

第一節　前言

我們在前一章探討了台灣環境影響評估制度運作所面臨的課題，本章則把焦點放在環評通過之後的環境監督執行狀況。由於我國環評法採取集中審查制，即開發行為之環境影響評估由環評主管機關審查，而其層級管轄權，是依開發行為之目的事業主管機關而定。[1]換言之，中央政府主導之開發行為，由環保署進行環評，地方政府主導的開發行為，則由地方政府進行環評。開發計畫之環評通過後，後續的監督查核，多回歸到空污、水污等環境實體法，由地方環保機關負責例行性監督查核。是以，一些中央主導的大型開發案通過環評審查後，地方環境稽查與監督運作值得進一步檢視，協助我們瞭解評估預測與實際運作狀況之差距，進而覺察事前評估欠缺之處，以及事後環境監督可能產生的問題。

尤其，我國於2002年所公布的環境基本法，強調「提升環境品質，增進國民健康與福祉，維護環境資源，追求永續發展，以推動環境保護」（第1條），為我國邁向永續發展揭示基本原則。這部基本法闡明「中央政府應制（訂）定環境保護相關法規，策定國家環境保護計畫，建立永續發展指標，並推動實施之。地方政府得視轄區內自然及社會條件之需要，依據前項法規及

---

[1] 環境影響評估法第2條規定，環評主管機關在中央為行政院環境保護署，在直轄市為直轄市政府，在縣（市）為縣（市）政府。環評法施行細則第3條第3款規定，環評中央主管機關權限為負責中央目的事業主管機關轉送之環評說明、報告、調查等審查事項；第4條第3款、第5條第3款則規定，直轄市及縣（市）之主管機關，負責直轄市及縣（市）之「目的事業主管機關轉送環境影響說明書、評估書、環境影響調查報告書之審查事項」。另依環評法施行細則第12條之規定，主管機關「依目的事業主管機關核定或審議開發行為之層級定之。必要時，上級主管機關得委託下級主管機關辦理」。

國家環境保護計畫，訂定自治法規及環境保護計畫，並推動實施之。各級政府應定期評估檢討環境保護計畫之執行狀況，並公布之。中央政府應協助地方政府，落實地方自治，執行環境保護事務」（第7條）。並要求各級政府應納入環境保護優先、永續發展理念（第8條）、普及環保教育（第9條）、寬列環保經費（第10條）、延攬專家與機關團體代表備供諮詢（第11條）、對於土地開發利用需基於環境資源總量管制理念（第16條），以及建立嚴密之環境監測網，定期公告監測結果與建立預警制度（第27條）等。不過，環境基本法的原則性宣示與學理上所延展出的政策性呼籲，對於瞭解中央與地方在環境治理的政策執行工作似乎並沒有太大的幫助，環境爭議在台灣層出不窮，更凸顯了各級政府，乃至民間團體之間對於新興環境風險治理職權認知與安排的歧見。

　　本章特別選取設廠於雲林麥寮，做過多次擴廠環境影響評估，迄今運作約20年的台塑六輕作為瞭解地方政府環境監督運作的個案分析對象。1990年代初期，台塑六輕獲准在雲林麥寮設廠，開啟了濁水溪南岸最大的填海造陸計畫。六輕總廠區面積占地2,603公頃，包含煉油廠、輕油裂解廠、汽電共生廠、鍋爐廠、矽晶圓廠等54座工廠，[2] 興建工程之填沙造地約有10,915萬立方米，並建有港域面積476公頃之深水港。自廠區落成營運以來，這個南北長約八公里，寬約四公里位於沿海的六輕計畫專區，成為雲林縣最顯目的地標，也是世界數一數二之石化專區。

　　六輕從一期到四期，投資金額共5,744億新台幣，2009年後，更計畫再投資2,795億進行第五期擴建，唯六輕一到四期一些污染排放量已屆核可上限，五期擴建通過可能性不高，台塑集團遂以「增產不增量」方式尋求「省時的環境影響評估差異分析」（簡稱「環差分析」），以每次送審不超過原本空污、用水上限的10%申請擴廠變更，[3] 至今（2014年）已提出4.7、4.8、4.9、4.10、

2　根據六輕網站顯示，其園區面積，約林園石化工業區（388公頃）、大社石化工業區（115公頃）及頭份石化工業區（96公頃）合計總面積之四倍多。六輕網站，取自http://www.fpcc.com.tw/six/six_2.asp

3　姚惠珍，2009/05/18，〈台塑六輕五期環評化整為零擬關閉效益低舊廠以降低VOCs年排放量〉，蘋果日報。取自http://www.appledaily.com.tw/appledaily/article/finance/20090518/31636389/

4.11期等擴建之環差分析。

　　六輕石化專區的設置，帶來了規模經濟的集中效果。但大型複合式工業區在生產營運過程中，所產生的環境污染問題，包含空氣品質、水質、噪音振動、廢棄物、毒化物、海岸資源、生態保育等，產生巨大全方位的影響，尤其六輕二十多年間不斷擴廠的結果，除了海岸線與周遭生態大幅改變，其主要供水來自集集攔河堰，也造成當地水資源運用調度的緊張。多年下來，附近環境品質下降成因，以及實際環境影響結果更是複雜難辨。

　　值得關注的是，雲林縣一向是我國重要的農產品生產基地。行政院農委會出版「100年度『南部區域農地資源空間規劃計畫』雲林嘉義台南地區農地資源空間規劃計畫」的資料顯示，雲林縣境內地勢以平原為主，縣內農產收穫面積以稻作為最多，總面積約430,734公頃，占臺灣地區稻米收穫總面積的17.93%，在全國僅次於彰化縣。在蔬菜與雜糧生產上，其收穫面積各占臺灣地區的25.31%與41.26%。[4]由於糧食安全與農業生產自然環境的保全息息相關，在需要重視環境安全的農業地帶，置放具有高度環境污染爭議的石化產業，似乎也凸顯了台灣產業發展上的國土空間錯置，以及環境治理的結構性問題根源。

　　上述資料顯示雲林縣的區域計畫定位，以及其在台灣農業產量比例的重要性。而這樣的農村地理環境條件，當引進了高耗水、高污染的石化產業，會發生什麼樣的環境社會變化？在這個問題意識下，我們好奇，把世界級的投資與興建規模的石化工業專區，放在一個以農漁業為主的雲林縣，會產生什麼樣的環境管制問題？一個相對貧窮以農為主的地方政府，有能力管制與監督富可敵國的巨型石化工業專區嗎？地方實質進行的環境管制監督挑戰為何？

　　我們也發現，台塑六輕雖是雲林縣重大建設的新地標，擴廠與管制爭議未曾間斷，但有關六輕環境議題的研究，與其對國家、地方發展的影響並不成正

---

[4]　行政院農委會，2011，〈100年度『南部區域農地資源空間規劃計畫』雲林嘉義台南地區農地資源空間規劃計畫─雲林縣〉，頁19。計畫委託財團法人成大研究發展基金會執行。行政院農委會：台北。

比，相關文獻探討面向有限，較近期的研究也不多見。舉例而言，一些環境科學研究主要針對六輕產生污染物質的分析、環境監測、空氣品質評估與健康風險評估等進行討論（王光聖，1992；詹嘉瑋，2006；蕭欣怡，2008）。也有研究討論六輕設廠所涉及的公權力管制效力，以及中央與地方關係的跨域管理問題（林建龍，2003）。一些研究則聚焦於六輕選址過程所引發的爭議，著眼於地方政府對抗中央國家機器與資本主義聯盟的角色（徐進鈺，1989；林聖慧，1989）；其他則關注六輕所帶來社會正義問題的研究（陳聯平，1993；陳秉亨，2005），以及討論建廠時的環境影響評估爭議（張英華，1992；高以文，2002）。

　　但近年來國光石化興建過程中所引發的環評爭議，也帶動了對六輕環境的檢視。尤其國光石化評估的同時，六輕正爆發多起工安與公害事件，引發社會高度關注，相關之環境影響與健康風險問題，更受到社會高度檢視。六輕工業區作為國家特許之專區，從後續發生諸多問題看來，環境決策體系內的審查評估，似乎並未達到環境預警與減緩損害之目的；實質的環境監督，更有許多克服不了的難題。

　　而有關六輕的環境監督管制之責任歸屬，長期以來中央與地方政府更存有相當多的爭議。以2010年7月間六輕發生連續大火事件為例，雲林縣政府認為六輕的工安狀況頻仍，是中央長期放縱的結果。[5]但中央環保署不甘示弱的發布新聞稿駁斥，表示「中央地方權責在各相關法規中皆有規定，有關雲林離島式基礎工業區石化工業綜合區開發案之環境監測工作，依法雲林縣政府均可進行稽查管制，雲林縣政府亦可依各相關環保法規強力執行六輕環境監控及污染管制工作。」[6]環保署與雲林縣政府更在六輕4.7期擴建上，針對揮發性有機物質（VOCs）是否超過環評總核可量，刊登報紙廣告隔空交火，針對資料正確

5　陳信利、蔡維斌，2010/07/31，〈角色錯亂？蘇：跪得有價值〉，聯合報，A3版。
6　環保署，2010/07/31，〈嚴正駁斥蘇治芬縣長宣稱中央長期放縱六輕之不實指控〉，環保新聞專區。取自http://ivy5.epa.gov.tw/enews/fact_Newsdetail.asp?InputTime=0990731145222

性的問題互相指責。[7]

　　中央部會與地方政府的激烈交鋒，顯示環保署與雲林縣政府在六輕管制監督權責上有不同的認知，例如，環保署認為雲林縣政府應依法負起六輕的環境監控及污染管制責任，中央雖有環評審查權，但根據法規是位於督導與協助立場，地方才有排放核可稽查權力。雲林縣政府則認為中央放縱六輕關起門來自己監測，因而衍生工安與環保問題。中央與地方的交互指責，除了讓我們看到部會機關間的管制權責認知歧異外，更顯示目前政府面對大型石化工業區的環境監督失能問題。

　　本章檢視雲林縣政府如何因應台塑六輕所引發一連串的環境污染課題。我們將焦點特別放在六輕汽電共生廠運作過程中所產生的飛灰與底灰處理問題，透過爭議的分析檢視，討論地方政府與中央行政單位在此議題上的因應處置方式與歧見，瞭解現行環境治理針對石化工業專區管制監督的侷限，並嘗試進一步提出突破困境的政策建議。

第二節　地方環境治理課題

　　近年來環境主義興起，環境事務逐漸成為重要的公共事務。環境治理是在永續性的基本前提上，透過公部門、私部門與第三部門之間的網絡互動關係，在社會、政治、經濟等面向的行動，尋求生態系統、生產方法，以及生活樣式三者的平衡點（Andrews and Edwards, 2005；陳建仁、周柏彣，2012）。由於地方政府在轄區範疇內負責各項公共事務的執行與協調，如何提升地方治理效能，推進環境事務，實為環境治理的重要課題。地方政府治理能力，包含各項資源獲取、資源管理、政策過程管理、環境感知、策略管理等能力（陳志瑋，

7　可參見朱淑娟，〈環保署雲林縣花人民納稅錢買廣告互嗆給人民最壞觀感〉，環境報導。取自http://shuchuan7.blogspot.tw/2012/11/blog-post.html。環保署，2012/10/24，〈環保署嚴厲譴責雲林縣政府出具公函刻意誤導民間團體企圖推卸責任〉，環保新聞專區。取自http://ivy5.epa.gov.tw/enews/fact_Newsdetail.asp?InputTime=1011024172159

2004）。如何獲得資源、分配資源以規劃環境政策，並有效執行，爲地方環境
治理能力評估之重要指標。

　　一些學者認爲治理是一種有別於傳統政治、經濟、社會互動的新型態管
理模式，特別強調不同行動者之間的跨域互動、連結與合作的關係，討論公私
合夥、公民參與、政策網絡、協力管理等的運作模式（Kooiman, 2003；江大
樹，2006）。在此觀點中，地方政府是民主而有責任的公共服務提供者與資源
分配者，也是地方治理的網絡中心，連結其他公部門、私部門與非營利組織
等，共同提供公共服務與進行公共決策（Wilson and Game, 2006）。此外，我
們也可從制度面向與組織面向來分析地方環境治理課題。制度層面的分析重視
地方政府的權限議題，討論中央與地方的權限劃分、地方政府的授權等；組織
面向的分析則包含地方政府的組織運作與範疇等議題，如組織類型、管轄範疇
與分工（呂育誠，2001）。

　　雖然治理的概念，強調不同行動者間的網絡互動，共同提供公共服務，不
過，在環境事務治理中，污染成本外部化的問題，使公益與私利間的網絡互動
更加複雜。污染問題常涉及生產者將自我應承擔之除污責任轉嫁給鄰近居民承
受，政府爲了約束污染問題，發展出如管制、污染稅、可交易的排放額度、垃
圾收費等環境政策工具（Dye, 2004）。

　　將環保政策工具的選擇與使用放在台灣發展脈絡下，可以發現，1960年代
工業化以來，污染問題逐漸惡化；1970年代，報章媒體上的空氣污染、廢水、
噪音等事件，幾乎成爲日常生活的一部分，並演變成1980年代風起雲湧的公害
抗爭社會運動。國家被迫投入更多的資源面對層出不窮的環境事件，並於1987
年成立環境保護署以部會層級處理環境議題。1993年立法委員全面改選之後，
更制訂出土壤污染防制法、環境影響評估法等重要環境立法，並多次修訂既有
的環境法律。基於公害歷史背景所產生的環境立法，使在台灣的環境政策多屬
於管制型政策（葉俊榮，2010）。

　　管制政策分爲事前管制與事後管制。所謂事前管制，乃指在生產者在進行
營運之前，必須取得政府機關的許可才可以營運。例如，依照我國法律，重大

開發案必須通過環評，目的事業主管機關才可核給開發許可。事後管制又稱營運管制，為一種「命令管制途徑」（command-and-control approach），針對生產者在營運中的行為進行監督（黃錦堂，1994），透過對每一種污染源設定排放標準來檢視，要求污染排放者在一定期限內改善污染狀況，以符合國家環境品質標準，否則就必須接受罰款、勒令停工等行政處罰（丘昌泰，1995）。

　　不過，一些研究已經指出，即便擁有完整的環境管制法規，也並非就是解決環境問題的保證。特別是環境管制政策涉及許多監督、稽查等執行項目，這些工作都高度仰賴環保執法人員。而第一線的環境監督管制，更常受到外部政治、社會與制度面的影響。湯京平（2002）針對北高兩市的環保執法人員進行問卷調查，即發現第一線的環境執法時常必須妥協於體制外的政治、經濟、社會等因素，也有來自於企業的壓力。丘昌泰（1995）也指出，民意代表的關說行為在台灣相當盛行，特別是在稽查前後且污染確定時會遇到關說，以期能減輕裁罰處分。羅清俊與郭益玟（2012）更發現被管制者、立法委員與行政機關，在選舉制度的運作下，有相互依賴、合作互利的動機，因而影響了管制機構運作的獨立性。

　　環境管制政策往往需要依循一套標準，作為執行依據，所以明確的法規是管制政策能夠具體落實的重要因素。不過，一些研究從實務上權力運作的觀點出發，提出管制俘虜（regulatory capture）理論，指出一旦政府管制者與私人被管制者的上下從屬關係與管制責任義務建立後，管制者與被管制者間形成緊密的共生關係，政府逐漸喪失其管制能力，而呈現管制失靈現象（Bernstein, 1955）。

　　雖然政府希望透過環境管制政策規範污染行為，促使環境外部成本內部化至污染者的生產成本中，但上有政策下有對策，污染者也發展出各種方式對應與規避政府的稽核。因此，如何落實環境管制政策，達到環境保護目的，是地方環境治理之一大課題。從執行面向來看，政策資源的投入對於管制政策的執行成效有重要的影響，展現在優良的執行人力與充裕的財政資源兩方面（丘昌泰，1995）。

　　首先，地方政府的環境管制執行，仰賴執法人員透過設備、儀器等來監

督生產者行為,並透過監督資訊取得做為裁罰依據,地方管制人力需考量包括人員數量、取得資訊、判斷能力、監測設備等執法素質。不過,地方政府作為環境管制第一線基層執法單位,往往因轄區範圍大、業務多,無法進行長期、常設式的環境監督,而多僅能扮演事故發生時的救火角色(黃錦堂,1994)。此外,第一線的環境執法人員如何扮演好與生產者對立的監督角色,更是一大課題。特別是石化產業廢棄物的排放源很多,且特性、成分都不相同,常常需要不同的檢驗技術與設備,才能掌握污染資訊。一旦在環境執行過程中採證不足,致使行政處分容有爭議,還會面臨訴訟紛擾。

　　此外,在財政收支劃分法的規範下,台灣的權、錢分配過於集中於中央政府,地方政府無權又無錢,而這種中央有權有錢卻無責,地方有責卻無權無錢的現象,造成政策執行缺位問題,也引發中央與地方政府,以及各個地方政府間的政治緊張與衝突(廖俊松、張力亞,2010)。隨著工業發展,環境問題加劇,環境管制成為地方政府沈重的行政負擔,相關管制由於需要高度資源投入,當管制執行需求日益增加,無權無錢的地方行政組織除了面臨預算排擠效應外,管制裝備的更新也難以與時俱進。

　　一些研究認知到現有政府環境治理(包括以上討論的財務、人力、科學技術以及與被管制對象角力失衡問題)的限制,進而指出,增進公民在法規管制與公共政策論辯中的參與,可以強化環境治理之制度功能,為社區環境監督落實尋求解困之道(O'Rourke and Macey, 2003)。相關論者認為,公民參與(透過不同形式管道)為政府決策提供更多成本較低的資訊來源(例如第一線的環境、健康變化資訊)與監督管制的協助,也有助於增進社區公共參與之權力與能力(O'Rourke, 2003; Fiorino, 1990; Backstrand, 2003),甚至提供環境知識共同演化與生產的機會(Jasanoff, 2004a)。例如,Nali and Lorenzini(2007)研究義大利中部的學生參與空氣品質監測計畫,指出來自21個學校650學生運用煙草幼苗作為指標性生物,偵測行政區內的臭氧污染程度。結果顯示這個調查使地區的空氣污染圖像更加清晰,而學生透過科學參與觀察,激發出對環境相關問題的參與感。

透過制度設計來進行公民賦權，促進課責性的對話與審議（Overdevest and Mayer, 2008），並在作法上更重視調適、分權與內外夥伴關係支援之途徑（Pollock and Whitelaw, 2005: 213），或許是民主化的台灣應積極審視引進的新典範。以改善當地生活品質爲目標，進而改變當地社群居民對於污染的理解與觀點，從而增加政府與污染者回應性與制度反思能力的治理型態，更值得後續環境監督政策研究與實踐持續的關注與思辯。

第三節 六輕副產石灰污染與政府管制權責爭議

一、爭議背景

六輕汽電共生廠所使用之發電燃料爲石油精煉後最底層之石油焦，副產石灰（混合石膏及副產石灰）則是石油焦使用以後所衍生之副產化學物質。[8]台塑公司石油焦高溫氧化裝置（CFB）每個月產出約2萬1千公噸的飛灰，以及約8千4百公噸的底灰，多年來六輕廠區內估計堆置有148萬公噸之總量。石油焦一般可再利用於營建設備與道路之塡料，不過，近年來雲林、台南、彰化等地均發現多處來自六輕的副產石灰被不當棄置，並且以土壤改良名義，將未經摻配之副產石灰回塡於農地及魚塭等地，引起地方民眾與環保團體的強烈關心與反彈。2013年一年間，六輕廠區副產石灰外運即約44萬公噸，其所延伸之問題越演越烈，而成爲重要環境治理之議題。

2012年10月，有地方居民發現六輕灰渣每天被大量塡入位於雲林縣東勢鄉與台西鄉交界處的廢棄磚窯廠，當地業者聲稱此地將重新搭建磚窯廠，名爲國薪窯業，但六輕灰渣的疑慮引發居民抗議與檢舉。約莫同時，雲林縣林內鄉台3線大同路原天元莊舊址處也發現大量六輕副產石灰，堆置業者爲富仕得環保

---

8 底（飛）灰爲飛灰與底灰核定之簡稱：（一）飛灰：雲林縣政府於民國91年以「混合石膏」登記爲產品；（二）底灰：雲林縣政府於91年以「副產石灰」登記爲產品；（三）「水化石膏」則是以水化方式產出「水合副石膏」，亦爲產品。爲避免混亂，本章均以副產石灰通稱之。

公司，不過其公司實際負責人為雲林縣議員李建志。該議員已因涉嫌囤積、偷倒廢棄物，恐嚇地主不得聲張，甚至阻撓稽查而遭檢調單位拘提起訴，檢方估計其每月不法所得高達600萬。[9]

相隔一月，雲林縣台西鄉新行政區後方也被人發現六輕副產石灰，現場被挖開一個深六公尺、占地兩百坪的大洞，而此傾倒處相當接近地下水層。原魚塭地主在不知情下將土地售出，業者則表示傾倒灰渣是為了改良土質，並準備興建廠房。[10]而在彰化北斗、田中交界的國軍第廿二號砲陣地旁，則有超過一千坪，堆置著約三、四層樓高的副產石灰，這個棄置處周邊不僅有農田，也接近北斗自來水公司的地下水源。[11]

不久之後，居民發現雲林縣口湖鄉埔南村一處空地遭人傾倒約30輛大卡車的六輕副產石灰。這個棄置處現場被開挖了一個籃球場大小的空地，下雨過後變成了水池，當地方民眾要求業者必須清理，負責的帝龍生物科技公司則避不出面。[12]

時至2013年1月，台南社區大學環境小組發現，於台南麻豆區「官輝土石方資源堆置場」、真理大學附近魚塭，以及左鎮區「宏昇土石方資源堆置場」，皆分別被堆置兩萬噸的六輕副產石灰，而向檢方檢舉，台南地檢署與環保局因而聯合查獲土石方資源堆置場違法濫收六輕出產之水化副產石灰一事。根據台南環保局表示，土石方資源堆置場僅能收受剩餘土石方，但業者卻收受六輕副產石灰，明顯不符合規定，因此依違反空污法，針對業者分別裁處10至100萬元的罰款，並也不排除請物主台塑搬回其副產石灰。由於副產石灰屬強鹼性，與廢棄物無異，環保人員採樣檢測後也發現，這批廢棄物的酸鹼值分別

---

9   張立明，2012/10/16，〈林內鄉齊聚抗爭誓言將六輕副產品石灰等廢棄物趕出鄉境〉，大成報。取自http://history.n.yam.com/greatnews/society/20121016/20121016893324.html
10 陳燦坤、黃淑莉，2012/11/20，〈六輕倒副產石灰養殖業斥沒天良〉，自由時報。取自http://news.ltn.com.tw/news/life/paper/631829
11 顏宏駿，2012/11/27，〈石灰廢土場臭翻北斗、田中〉，自由時報。取自http://news.ltn.com.tw/news/local/paper/633664
12 廖淑玲，2012/12/29，〈「毒石灰」遲不清⋯口湖鄉長怒嗆提告〉，自由時報。取自http://news.ltn.com.tw/news/local/paper/641917/print

為12.77及12.9，遠超過有害事業廢棄物標準，已涉嫌違反廢棄物清理法，因此台南地檢署認為土資場疑似以假買賣方式收受六輕副產石灰，官輝土資場負責人陳燕輝遭檢察官諭令10萬元交保候傳。[13]

但一波未平一波又起，2013年2月，雲林縣斗六施瓜寮工業區內也被發現遭人傾倒六輕副產石灰，檢方調查時發現，土地已被開挖12尺深，填入廢土後再覆蓋上工程級配，意圖掩飾。六輕副產石灰也被發現混入水泥當建材。預拌混凝土工業同業公會表示，這會造成建築物膨脹而崩解，並會對眼睛及皮膚造成傷害，危及公共安全。[14]此外，在西螺的廢豆皮工廠以及雲林多處農地等，也紛紛傳出被人傾倒副產石灰之消息。一連串的爭議下來，檢方建議環保機關應儘速認定副產石灰的屬性。

二、副產石灰爭議相關之政策法令演變

上述過程顯示六輕副產石灰四處傾倒，演變成中南部地區的公害事件。何以具強鹼性，且會造成健康危害的副產石灰可以被四處傾倒？究竟我國法令對此種物質有何規範？又有哪些機關負責認定與管制？以下，我們首先依據副產石灰認定相關政策的演變，按照時間發生順序，整理出表3-1。

值得注意的是，雲林六輕離島工業區的煉油廠、裂解廠和汽電共生廠，在民國89年開始營運。但在民國91年3月通過之《六輕三期擴建計畫環境影響差異分析報告定稿》中，才「允許」六輕每年燃燒石油焦70萬公噸。而根據這份環評差異分析報告，台塑六輕將燃燒石油焦所產生的副產石灰，向雲林縣政府登記為產品，並於民國91年11月20日，經雲林縣政府核准登記，且經公共工程委員會公告列為級配粒料基層、底層及控制性低強度回填材料。但此項認定卻

---

[13] 黃文鍠、黃博郎、黃淑莉、張慧雯，2013/01/26，〈走錯路撞見現行犯又見台塑非法棄置石灰〉，自由時報。取自http://news.ltn.com.tw/news/life/paper/649567

[14] 郭琇貞，2012/08/10，〈屢見廢棄物混入混擬土環保署盯上了〉，台灣醒報。取自http://news.sina.com.tw/article/20120810/7581503.html

與環保機關有所差異。環保署於民國96年認定副產石灰屬於事業廢棄物。而不同機構對於副產石灰屬性的認定差異，終至衍生出台塑委託業者將副產石灰清運堆置於各地的現象。雖然在一連串爭議後，環保署最後確認了副產石灰的事業廢棄物屬性，但副產石灰的認定爭議與衍生的處置，卻見微知著地顯示了政府對於大型石化專區管制不力與權責不清的環境治理困境。

表3-1　有關六輕副產石灰認定爭議政策演變

事件	時間（民國年）	內容
立委質詢中油販售石油焦	74年	中油出售石油焦，破壞環境生態，妨害人體健康。質詢中建議禁止進口、販賣及使用石油焦以消弭公害。
公告石油焦為易致空氣污染之燃料	75年	行政院衛生署於75年2月19日，公告石油焦為易致空氣污染之燃料，自75年6月1日起未經申請許可，不得販賣及使用石油焦為燃料。
環保署公告『石油焦為易致空氣污染之物質』	81年	業者檢具資料向『當地主管機關』申請使用許可。在三個月試用期間內應提出經中央主管機關認可之測定機構之指定項目檢驗結果，由當地主管機關審查或查驗。 於六個月，報請當地主管機關查核，逾期吊銷其許可。 領有石油焦使用許可者，如排放空氣污染物超過排放標準，除應依本法第三十六條規定處分外，主管機關應通知販賣者暫停供應，並命其立即停止使用。
廢清法第七次修正	90年	第三十九條事業廢棄物之再利用，應依中央目的事業主管機關規定辦理，不受第二十八條、第四十一條之限制。 前項再利用之事業廢棄物種類、數量、許可、許可期限、廢止、紀錄、申報及其他應遵行事項之管理辦法，由中央目的事業主管機關會商中央主管機關、再利用用途目的事業主管機關定之。
六輕環境影響差異分析允許燃燒石油焦	90年10月30日	第89次環評大會通過六輕二期擴建計畫環境影響差異分析，「允許」六輕每年燃燒石油焦70萬公噸。

表3-1　有關六輕副產石灰認定爭議政策演變（續）

事件	時間（民國年）	內容
經濟部公布「經濟部事業廢棄物再利用管理辦法」	91年	第四條個案再利用許可之申請，由事業及再利用機構共同檢具再利用許可申請文件一式十份，向本部為之。 第七條經前項書面審查後，本部得邀集相關領域學者專家及相關主管機關實質審查，必要時，得進行現場勘查；經本部通知限期修正申請文件，而屆期未修正者，本部得逕予駁回。 第十條本部核發再利用許可文件，應副知本法中央主管機關、事業及再利用機構所在地之直轄市或縣（市）主管機關及再利用用途目的事業主管機關。
副產石灰產品登記核准	91年11月20日	雲林縣政府核准副產石灰登記為產品，且經公共工程委員會公告列為級配粒料基層、底層及控制性低強度回填材料。
環保署訂定「生煤、石油焦或其他易致空氣污染之物質販賣或使用許可證管理辦法」	92年	其中規定，主管機關收受前項檢測報告後應於十五日內完成審查，經審查符合排放標準者，應於十四日內通知其領取使用許可證。
環保署公文認定廢棄物	96年8月01日	有關台塑石化股份有限公司麥寮一廠之石油焦流體化床產出之底（飛）灰，係由汽電共生製程燃燒後所衍生之物質，屬事業廢棄物之範疇。至於該底（飛）灰經製造加工程序產製副產品（混合石膏及副產石灰）之過程，則屬事業自行處理行為。
環保署公文認定廢棄物	96年8月23日	回覆台塑公司：麥寮一廠之石油焦流體化床產出之底（飛）灰，在目的事業主管機關認定屬產品前，係屬事業廢棄物範疇，本署96年8月1日環署廢字第0960053185號函之認定並無違誤，亦毋須更正。至於本案所爭議之石油焦流體化床產生之底（飛）灰，其究竟是否為雲林縣政府業已登載為貴公司副產品之混合石膏及副產石灰乙節，仍應由目的事業主管機關認定。

表3-1　有關六輕副產石灰認定爭議政策演變（續）

事件	時間（民國年）	內容
副產石灰經訴願決定產品運作合法	97年1月	台塑公司將質疑項目送雲林縣訴願審議委員會，該會於97年1月訴願決定本項產品運作合法。
環保署公文認定廢棄物	97年10月7日	貴府建設局所認定爲副產品之「混合石膏及副產石灰」如確認係指前述「汽電共生製程燃燒後所衍生之物質，經污染防治設備所產出之底灰及飛灰」，則該等事業廢棄物乃可依據目的事業主管機關之認定爲產品而排除廢棄物清理法之規範。
預拌混凝土工業同業公會的質疑	100年7月13日	第12屆第1次臨時理監事聯席會議，會中就CFB（副產石灰）產品是否影響本業品質與如何因應等案加以討論。
環保署公文認定廢棄物	100年9月8日	若以石油焦爲燃料之製程產出之飛灰並不適用該再利用規定。 經濟部工業局表示，該底（飛）灰是否屬事業廢棄物範疇疑義係屬環保主管機關權責。 經濟部工業局：「本案產出之飛灰、底灰是否爲該廠工廠登載之產品等相關疑義，係屬貴府建設局主管權責」 依台塑石化股份有限公司的「六輕三期擴建計畫環境影響差異分析報告定稿」及「六輕四期擴建計畫環境影響說明書定稿」爲產品核定證明文件之一。認定CFB副產石灰爲產品而非事業廢棄物不無疑義。 本署皆已表示石油焦流體化床產出之底（飛）灰屬事業廢棄物。
經濟部事業廢棄物再利用管理辦法修正草案研商會議	101年6月22日	預拌混凝土工業同業公會對六輕副產石灰提出質疑，工業局回應：副產石灰，已被雲林縣政府登載爲產品，無法以廢棄物相關法規進行管理，該案環保署已函請雲林縣政府再予審視合理性。另有關煤灰流入非法用途部分，係涉事業廢棄物申報管理。
六輕四期擴建案專案小組會議	101年8月15日	CFB製程所產石灰是否爲產品，由本署（廢棄物管理處）函請目的事業主管機關認定。

表3-1　有關六輕副產石灰認定爭議政策演變（續）

事件	時間（民國年）	內容
工業領袖與環保署長有約	101年9月5日	廢管處回應指出，有關六輕列產石灰會列為產品，是經由營建署的認可，但是去年已發函廢除了91年的公告。環保署長當即指示廢管處，將CFB列為事業廢棄物。
各地發現六輕副產石灰	101年10月16日至102年5月28日	雲林、台西、口湖，彰化北斗、田中，台南麻豆、南化等林內地陸續發現遭傾棄六輕副產石灰
雲林縣環保局訂定管制要點	101年11月22日	縣長蘇治芬指示由環保局、建設局擬定「雲林縣高溫氧化裝置產物混合石膏、副產石灰及水化石膏管制要點」，限制該項產物需有合法之去處及用途核准項目，另不得作為掩埋場中間覆土或最終覆土使用
台南環保局發表強力譴責	102年1月26日	任何產品失去原效能或價值，並且棄置於環境中，均應視同廢棄物。台塑石灰符合上開原則，應依廢棄物清理法規定辦理，將要求台塑公司全數運回廢棄物
台南市居民連署要求清除副產石灰	102年5月24日	水化石灰是廢棄物，經檢測結果超過有害事業廢棄物認定標準，應委託合法清除處理機構清理或退回原產源機構。但過了1個多月仍毫無動作，居民展開連署

資料來源：本研究整理。

三、相關法規內容

　　我們從上述簡略的副產石灰爭議政策脈絡中，可以看到有關副產石灰的認定上，各個機關的說法與態度。從公文書的往返中，我們更可看到，雖然環保署始終定調其為事業廢棄物，但卻留有餘地的給其他目的事業主管機關認定其是否為產品的機會。更令人訝異的是，台塑六輕提供雲林縣政府將副產石灰登記為產品的依據，竟是「六輕三期擴建計畫環境影響差異分析報告定稿」及「六輕四期擴建計畫環境影響說明書定稿」，而使副產石灰的權責分際問題演變成羅生門。

　　以下，我們先梳理副產石灰的案例的相關權責機關後，進一步把梳各個部會單位如何依循法律規範認定副產石灰屬性。根據上述爭議所涉及之法律，副產石灰的認定主要依據廢棄物清理法等相關規定辦理，而其中涉及事業廢棄物再利用的問題，則需依經濟部事業廢棄物再利用管理辦法來辦理。我們將副產石灰認定問題所涉及到的相關法規條文列表整理（表3-2）。簡言之，副產石灰之權責機關主要涉及下列幾個部會：

　　1.中央主管機關：環保署；

　　2.中央目的事業主管機關：經濟部；

　　3.地方主管機關：雲林縣政府。

表3-2　有關副產石灰認定之相關法規條文

課題	條文	出處
廢棄物的類型	本法所稱廢棄物，分下列二種： 一、一般廢棄物：由家戶或其他非事業所產生之垃圾、糞尿、動物屍體等，足以污染環境衛生之固體或液體廢棄物。 二、事業廢棄物： （一）有害事業廢棄物：由事業所產生具有毒性、危險性，其濃度或數量足以影響人體健康或污染環境之廢棄物。 （二）一般事業廢棄物：由事業所產生有害事業廢棄物以外之廢棄物。	廢棄物清理法第二條第一項
廢棄物清理之主管機關	本法所稱主管機關：在中央為行政院環境保護署；在直轄市為直轄市政府；在縣（市）為縣（市）政府。	廢棄物清理法第四條
廢棄物清理之執行機關	本法所稱執行機關，為直轄市政府環境保護局、縣（市）環境保護局及鄉（鎮、市）公所。	廢棄物清理法第五條第一項

表3-2　有關副產石灰認定之相關法規條文（續）

課題	條文	出處
事業廢棄物之再利用（一）	事業廢棄物之再利用，應依中央目的事業主管機關規定辦理，不受第二十八條、第四十一條之限制。 前項再利用之事業廢棄物種類、數量、許可、許可期限、廢止、紀錄、申報及其他應遵行事項之管理辦法，由中央目的事業主管機關會商中央主管機關、再利用用途目的事業主管機關定之。	廢棄物清理法第三十九條
事業廢棄物之再利用（二）	第四條個案再利用許可之申請，由事業及再利用機構共同檢具再利用許可申請文件一式十份，向本部為之。 前項申請文件內容應包括： 一、事業及再利用機構基本資料。 二、事業及再利用機構共同申請意願書。 三、再利用運作計畫書。 前項第三款再利用運作計畫書內容，應包括： 一、事業廢棄物基本資料。 二、清除計畫。 三、再利用計畫，包含國內外再利用可行性實廠實績相關佐證資料。 四、污染防治計畫。 五、產品品管及銷售計畫。 六、異常運作處理計畫。 七、緊急應變計畫。 八、免實施環境影響評估或已通過環境影響評估之證明文件。	經濟部事業廢棄物再利用管理辦法第四條
事業廢棄物之再利用（三）	經前項書面審查後，本部得邀集相關領域學者專家及相關主管機關實質審查，必要時，得進行現場勘查；經本部通知限期修正申請文件，而屆期未修正者，本部得逕予駁回。第十條	經濟部事業廢棄物再利用管理辦法第七條
事業廢棄物之再利用（四）	本部核發再利用許可文件，應副知本法中央主管機關、事業及再利用機構所在地之直轄市或縣（市）主管機關及再利用用途目的事業主管機關。	經濟部事業廢棄物再利用管理辦法第十條

資料來源：本研究整理。

第四節　六輕副產石灰的爭議分析

　　上一小節中，我們已初步釐清有關副產石灰認定問題所負責的權責單位，以及其可引用之法源與管轄權限範圍，顯示我國對於副產石灰此事業廢棄物的認定，並非無法可管。不過，對照地方發生的真實情況，副產石灰四處溢流於台灣的農地、魚塭與廢土棄置場，造成土地的污染與居民的檢舉反彈，卻顯示出副產石灰的實際管制出現缺口。何以副產石灰的認定會出現歧異？而這樣的認定歧異又如何影響到環境的事實結果？我們又如何透過這個事件鑒往知來，避免未來類似問題的發生？以下，我們藉由公文函示內容與訪談資料，進一步詳細討論六輕副產石灰的三個主要爭議點：一、副產石灰究竟是事業廢棄物，或可被當成產品？不同認定之間有何差異？二、副產石灰爭議中涉及的主管機關權限為何？而其公權力的施為與企業認定歧異間的角力又出現什麼爭議？三、事業廢棄物之清理及再利用的規定如何適用於副產石灰？以下分點陳述。

一、副產石灰的屬性認定與產源責任

　　前述提到，六輕工業區的煉油廠、裂解廠和汽電共生廠，在2000年開始營運。2002年3月通過之《六輕三期擴建計畫環境影響差異分析報告定稿》中，提供了六輕每年可燃燒石油焦70萬公噸的依據，也開啟了六輕燃燒石油焦的歷史。雲林縣政府於2002年11月20日，核准了六輕副產石灰登記為產品，且經公共工程委員會公告列為級配粒料基層、底層及控制性低強度回填材料。就此行政程序來看，六輕副產石灰屬於產品似無疑義。

　　不過，環保署在2007年開始，針對副產石灰有以下裁示：

（一）環署廢字第0960053185號

　　環保署在民國96年8月1日回覆雲林縣環保局詢問台塑石化股份有限公司麥寮一廠製程中所產生石油焦流體化床底（飛）灰是否屬事業廢棄物範疇的疑問

時（民國96年7月11日雲環廢字第0961013080號），函覆表示底（飛）灰屬事業廢棄物的範疇，且後續的加工是台塑公司自行處理的行為。函文：「有關台塑石化股份有限公司麥寮一廠之石油焦流體化床產出之底（飛）灰，係由汽電共生製程燃燒後所衍生之物質，屬事業廢棄物之範疇。至於該底（飛）灰經製造加工程序產製副產品（混合石膏及副產石灰）之過程，則屬事業自行處理行為。」

（二）環署廢字第0960063346號

對於底（飛）灰是否屬事業廢棄物範疇的疑問，環保署同樣於民國96年8月23日函覆台塑公司，認為「事業機構所產生之事業廢棄物未依法向目的事業主管機關登記為產品或未經核可者，因其本質仍屬廢棄物，故仍受廢棄物清理法管理。……底（飛）灰在目的事業主管機關認定屬產品前，係屬事業廢棄物範疇」。不過對於底（飛）灰是否就是台塑已經向雲林縣政府所登記的混合石膏及副產石灰，則同樣需由目的事業主管機關認定。如函文所載：「本案所爭議之石油焦流體化床產生之底（飛）灰，其究竟是否為雲林縣政府業已登載為貴公司（台塑石化）副產品之混合石膏及副產石灰乙節，仍應由目的事業主管機關認定。」

（三）環署廢字第0970071689號

環保署民國97年10月7日發文回覆雲林縣環保局民國97年9月12日雲環廢字第0971018440號函表示：「本案之底灰及飛灰既為汽電共生製程燃燒後所衍生之物質，經污染防治設備收集後所產出，本應屬事業廢棄物，本署已釋示認定。貴府建設局所認定為副產品之『混合石膏及副產石灰』如確認係指前述『汽電共生製程燃燒後所衍生之物質，經污染防治設備所產出之底灰及飛灰』，則該等事業廢棄物乃可依據目的事業主管機關之認定為產品而排除廢棄物清理法之規範。」

上述公文回覆書顯示，環保署雖認為六輕副產石灰「本應屬事業廢棄

物」，但仍留給「目的事業主管機關之認定爲產品而排除廢棄物清理法」的裁量空間。而副產石灰可以登記爲產品的主要法源依據，爲工廠管理輔導法第十三條，其規定：「工廠申請設立許可或登記，應載明下列事項：一、廠名、廠址。二、工廠負責人姓名及其住所或居所。三、產業類別。四、主要產品。五、生產設備之使用電力容量、熱能及用水量。六、廠房及建築物面積。七、其他經中央主管機關指定公告應登記之事項。前項第三款產業類別，由中央主管機關公告之。」

　　我們的訪談資料顯示，六輕透過《六輕三期擴建計畫環境影響差異分析報告定稿》向雲林縣政府申請將副產石灰登記爲產品。不過，環保署廢管處解釋，拿這樣的環評文件去做產品登記的依據，是錯誤的。一位在中央主管機關的受訪者B5告訴我們：

　　　　那六輕根據什麼道理去登記爲產品？這是一個關鍵點。因爲六輕本身需要環評，它需要通過環評才能營運，所以當初該是在90年以前，六輕要設立時候，有個六輕環境影響評估說明書件，在這書件裡頭它確實有去描述他的石油焦要做什麼用途，之後會產生它所謂的副產石灰跟混合石灰這兩個東西，然後在書件裡頭也有相關這兩東西的用途說明，確實是有的。那它就用經過通過的環評書件去作爲登記爲產品的依據，不過我要說明這是錯誤的。爲什麼？因爲環評書件的審查結論並不會去審這一塊，因爲這一塊只不過是它拿來作爲製造程序的說明，沒有任何審查結論是說同意他登記爲產品。所以我要強調這是台塑企業本身便宜行事的認知。[15]

　　但後來環保署發現問題，連續發布了上述公文解釋，但卻沒有要求雲林縣政府更改產品登記，也未產生足夠的力量使六輕改變。中央官員表示，廢棄物清理法中缺乏對於廢棄物明確的定義，主管機關有負起相關政策的思考認定準則，環保機構認爲最重要的是產源責任，受訪官員表示：

15　訪談中央政府官員B5，2013/10/01。

一個產源需要管理自己的產品，若讓它失去它的市場價值，讓它製造了環境污染，這個產源是不負責任的。在這個情況下，我們廢管處就把你認定是廢棄物來管理。[16]

不過，究竟認定為事業廢棄物或產品有何差別？官員指出，主要是規範不同，「事業廢棄物的清除處理再利用的管理，需要按照相關法規來處理。這法規是非常嚴謹，是有許可的嚴謹管理制度。」[17]。換言之，當企業將副產石灰登記為產品時，也就排除了廢清法需要許可的嚴格管制。但官員繼續解釋，

若登記為產品後，能夠有效的管理與限制它的用途，廢管處也不會強制非認定成廢棄物不可。今天問題在於副產石灰或是混合石膏這個產品沒有去路，然後堆積如山。那只好美其名賣給清運業者一噸一塊錢，並一噸給他五百、六百的清除費用，最後傾倒農田、傾倒魚塭，造成社會問題。[18]

地方官員A2也表示：

廢清法有很多廢清法則規定，它（副產石灰）當產品就不適用這些規定，差別在這裡，如果按照廢清法，它之前被運出去那些業者都不行，很多都不行，不具有清運資格，知道嗎？[19]

地方官員A1進一步說明：

副產石灰這個部分，就是回歸到，你有產品可以賣的話，當然有利，可是你

---

[16] 訪談中央政府官員B5，2013/10/01。

[17] 訪談中央政府官員B5，2013/10/01。

[18] 訪談中央政府官員B5，2013/10/01。另根據環保署資料顯示，台塑低價出售副產石灰，僅以每噸2元賣出，卻高額補貼運費每噸650元。僅台南市土資場違規堆置的54771.2公噸所產生之不法利得，即高達一億四千多萬元。資料取自http://www.epa.gov.tw/public/Data/79a1464f-6b96-4ef7-8e37-2500a6fd0c78.pdf

[19] 訪談地方政府官員A2，2013/09/24。

在這個市面上根本沒有用，你再拿去是用回填或用什麼的，根本不是我們想像的產品的用途……[20]

　　這個現象顯示，副產石灰雖登記為產品，但實際上卻無法在市場上買賣獲利，僅能補貼輸出，並不符合「產品」認定的準則。不過，六輕對於副產石灰並非產品的認定顯然不服，針對環保機關的認定提起行政訴願，地方環保官員A2無奈的表示，「六輕的爭點是，它認為它沒有污染環境，我賣出去給別人，這是合法的。那非法是別人非法，所以不是我的問題。」[21]但當企業不顧其產源責任，利用法律規範的模糊地帶造成「產品」登錄的既成事實，環保單位卻表示，要撤銷其「產品」登記，竟找不到相關規定辦理。主管機關的官員表示：

　　其實我們一開始請產品登記的工商單位去對產品登記把關，或是請工商單位登記為產品，後續發現它根本不是產品的時候，能否撤銷它的產品登記。可是我們得到的答案是，工廠管理辦法裡面沒有相關的規定，工商工業團體登記後也不能去撤銷。[22]

　　上述說明顯示一個弔詭的現象，即當環保署認定副產石灰為事業廢棄物時，卻因為無法撤銷其產品登記，而不能以廢棄物清理法予以規範。在地方環保單位服務的受訪者A2回應六輕動則舉訟的作為時表示，六輕若能確切負起產源責任，問題就不會那麼多：

　　我們基本上還是希望說，你就按照廢棄物清理法來管理，有什麼困難？你明明就有腐蝕性，你當產品我沒有意見，但是你如果當廢棄物，我按照廢棄物去管，絕對不會出狀況，就是我們希望六輕就乾脆把它當廢棄物去管理好了。第一個，也

---

[20] 訪談地方政府官員A1，2013/09/24。
[21] 訪談地方政府官員A2，2013/09/24。
[22] 訪談中央政府官員B5，2013/10/01。

不會造成爭議，也不會影響他們的形象，那反正廢棄物也可以再利用，那你就把你的副產石灰再利用，我們就在法庭上這樣講。[23]

二、機關權責分際不清及其影響

前文提到，環保署自2007年起，已明確認定底（飛）灰為事業廢棄物。受訪的中央官員指出：

環保署在副產石灰認定上的角色跟法律的依據，大概這角色很清楚。根據廢棄物清理法，必然有這個責任去做一些法律規範認定的問題……（民國）96年發生問題之後我們就做解釋，從96年到現在我們沒有作任何改變。……今（2013）年的1月28號認定出去之後，包括我們自己、包括雲林縣政府，包括台塑六輕本身對於這個1月28號的解釋不敢有任何反對意見，他就承認1月28號之後通通是廢棄物。[24]

從上述的訪談資料以及上一小節的討論可以得知，環保署自2007年以來，將六輕廠商因基於營運的考量而開始燃燒石油焦後，即依據廢清法，將其所產生的相關產物認定為事業廢棄物，並非遲至2013年1月才認定副產石灰為廢棄物。然而，基於法律並非明確定義出廢棄物的範圍與項目，乃依其權限進行函文解釋，卻無強制權限規範其他政府機關單位遵從，直至爭議事件爆發。

我們從前一小節的「產品」屬性認定過程也可發現，副產石灰的「產品」登記實基於不同法規之間模糊地帶所產生的問題。首先，除了廢清法並未有明確的定義之外，開發單位藉由環評審查通過的環評書件作為產品登記的依據。然而，環評書件的審查過程中，並未針對副產石灰成為產品之目的進行細緻的審視與討論，卻在開發單位將其結論視為包裹式同意，來做為產品登記之依據。

---

[23] 訪談地方政府官員A2，2013/09/24。
[24] 訪談中央政府官員B5，2013/10/01。

我們進一步從經濟部工業局的書面回覆資料，以及中央政府受訪者B6處瞭解，涉及產品登記業務之政府單位，是地方政府的相關處室：

工廠登記的中央主管機關是經濟部，執行業務是中部辦公室，但是登記執行者是地方政府，地方政府都會有個工廠登記的執行者。[25]

因此，在本案中，台塑六輕交給雲林縣政府建設處進行副產石灰的產品認定。此政府單位基於本身業務範圍與環保處室業務不同，以及企業運用環評審查結論做為產品登記依據，再加上當時民國96年度中央環保署對於副產石灰的認定解釋並無一定的強制力，最後雲林縣政府建設處接受台塑六輕的申請，將副產石灰登記成產品，進而合法化並無任何市場價值的副產石灰為「產品」。其「產品」資格後續爭議連連，甚至衍生出實質環境破壞的困境。也如同前節所述，一旦副產石灰被登記為產品，主管之工廠管理辦法裡面，似乎並沒有撤銷其產品登記之相關規定。開發單位透過法律未能完全明確規範的模糊地帶開了一扇巧門，多年後雖經環保單位再度確認為事業廢棄物而取消產品登記，然而，這中間的時間差，卻產生出另外一個引起台塑提出行政訴訟的爭議。中央環保官員B5指出：

現在有些爭議的是現場的140幾萬噸，之前的東西到底是廢棄物還是產品？現在訴願大概是這一塊，那這塊我們在解釋時，從兩個面向去考慮，第一個面向考慮到，譬如法律不溯及既往的原則，那假如不溯既往的話，代表以前的是產品就產品。但今天把那些東西認定成廢棄物，不是始自102年的1月28號，是從96年就認定是廢棄物。那假定我今天102年1月28號這個關鍵時間點，把以前的也說他是廢棄物，那不是犯了個邏輯上的錯誤？本來認為是廢棄物，所以不可能追溯認為說他現在產區那140幾萬噸的東西是產品。所以他們現在在打訴願、打官司，大概是這一塊。那我想我們還是要遵守法規，看看法律最後的決定是什麼樣子。[26]

25　訪談中央政府官員B6，2013/10/01。
26　訪談中央政府官員B5，2013/10/01。

作為廢清法主管機關的環保署雖態度明確，但難以施展公權力制止副產石灰溢流。而根據廢棄物清理法第39條規定：「事業廢棄物之再利用，應依中央目的事業主管機關規定辦理，不受第二十八條、第四十一條之限制。前項再利用之事業廢棄物種類、數量、許可、許可期限、廢止、紀錄、申報及其他應遵行事項之管理辦法，由中央目的事業主管機關會商中央主管機關、再利用用途目的事業主管機關定之。」底（飛）灰之再利用之目的事業主管機關，即是經濟部。那麼，經濟部的態度又是如何呢？在環保署認定底（飛）灰為事業廢棄物前，經濟部對於底（飛）灰之性質曾有以下函示：

1.經濟部工業局民國96年7月5日工永字第09600528130號函復雲林縣政府環境保護局：「該副產品業經雲林縣政府核准變更工廠登記，登載為主要產品之一……惟該底（飛）灰是否屬事業廢棄物範疇疑義係屬環保主管機關權責。」

2.經濟部工業局民國96年7月27日工永字第09600564490號函復雲林縣政府環境保護局，略以：「本案循環式流體化床鍋爐產出之飛灰、底灰是否為該廠工廠登記及營利事業登記證所登載之產品（混合石膏及副產石灰）等相關疑義，係屬貴府建設局主管權責。」

但在環保署認定底（飛）灰為事業廢棄物後，經濟部作為底（飛）灰再利用之主要負責機關，應屬無疑。不過，經濟部卻表示：「目前台塑公司產生之循環式流體化床鍋爐（CFB）副產石灰，已被雲林縣政府登載為產品，無法以廢棄物相關法規進行管理，該案環保署已函請雲林縣政府再予審視合理性。另有關煤灰流入非法用途部分，係涉事業廢棄物申報管理，爰建請環保署再追蹤混凝土公會訴求事項之辦理情形。」[27]

換言之，就副產石灰是否可再利用，經濟部認為雲林縣政府已登記為產品，就不能以廢棄物進行管理，因此不適用經濟部事業廢棄物再利用管理辦法處理。這個見解，與環保署廢管處幾次函示的認定有所歧異，也使地方政府提

---

[27] 經濟部，2012/06/22，〈經濟部事業廢棄物再利用管理辦法修正草案研商會議記錄〉。

出早期無法認定的理由。幾位地方官員指出，副產石灰的產品登記於2013年的1月30日廢止，台塑無法同意而提出了行政訴訟，而之前雖然環保署廢管處對產品登記有意見，但經濟部並不同意。[28]地方官員更表示，環保署綜計處當時認為副產石灰已登記為產品，「事實上，當初在開會的時候，還把綜計處、廢管處、經濟部一起開會，這個到底是產品還廢棄物，我們無法認定。」[29]

　　而環保署與經濟部則認為，是雲林縣府建設單位同意將六輕副產品石灰登記為產品，以致副產石灰非廢棄物清理法所能管轄，因此請雲林縣政府面對這個問題，先撤銷產品登記，回歸廢棄物清理法管理範疇。[30]但前雲林縣長蘇治芬確認為環保署與經濟部「互踢皮球」，認為中央政府應針對副產石灰儘早定位清楚，讓地方有可執行的法令做裁罰。[31]不過，儘管雲林縣政府自認無作為之空間，但仍有其他縣市在面對爭議時採取不同作法。譬如，經濟部工業局101年8月28日工中字第10105004830號函：「廢棄物雖已登記為產品，若考量對周遭環境有污染之虞，環保單位仍可依廢棄物清理法等相關法令規定列管」，而台南市政府即依據此取締副產石灰。[32]

　　在副產石灰四處傾倒的爭議擴大後，雲林縣環保局為避免環境污染之虞，於2012年11月22日訂定「雲林縣高溫氧化裝置產物混合石膏、副產石灰及水化石膏管制要點」，限制該項產物需有合法之去處及用途，另不得作為掩埋場中間覆土或最終覆土使用；事業廢棄物再利用登記檢核（機構）作公共工程之級配粒料基或底層者、石膏廠作成相關石膏成品、混凝土廠製成之水泥製品（成型製品）及輕質磚成品等，絕對禁止直接回填土地。

　　環保局並表示，為防杜縣內業者非法棄置其「副產品」，致影響地方民眾，倘產品之使用不當或未符合各目的事業主管機關法令者，致造成安全、環

---

[28] 訪談地方政府官員A3，2013/09/24。
[29] 訪談地方政府官員A2，2013/09/24。
[30] 黃淑莉、林毅璋、劉力仁，2012/11/21，〈管好副產石灰縣長向六輕下通牒〉，自由時報。取自http://news.ltn.com.tw/photo/local/paper/347538
[31] 同上。
[32] 台南市政府公告，2012/11/27。取自http://web2.tainan.gov.tw/commonsystem/news/shownews.aspx?SN=26976

境污染或其他違法情事時，將依廢棄物清理法等相關法令處分。之後，雲林縣環保局於2013年1月28日將六輕的副產石灰認定爲事業廢棄物，並於2013年1月30日廢止其產品登記。不過台塑公司不服，向環保署及經濟部工業局提出訴願申請。[33]

三、事業廢棄物之清理與再利用在本案的適用性

有關廢棄物之清理，根據廢棄物清理法第28條第1項規定，「事業廢棄物之清理，除再利用方式外，應以下列方式爲之：

（一）自行清除、處理。

（二）共同清除、處理：由事業向目的事業主管機關申請許可設立清除、處理該類廢棄物之共同清除處理機構清除、處理。

（三）委託清除、處理：

1.委託經主管機關許可清除、處理該類廢棄物之公民營廢棄物清除處理機構清除、處理。

2.經執行機關同意，委託其清除、處理。

3.委託目的事業主管機關自行或輔導設置之廢棄物清除處理設施清除、處理。

4.委託主管機關指定之公營事業設置之廢棄物清除處理設施清除、處理。

5.委託依促進民間參與公共建設法與主辦機關簽訂投資契約之民間機構設置之廢棄物清除處理設施清除、處理。

6.委託依第二十九條第二項所訂管理辦法許可之事業之廢棄物處理設施處理。

（四）其他經中央主管機關許可之方式。

受訪的中央官員表示：

---

[33] 雲林縣政府，雲環廢字第1020017215號公文。

　　追蹤他（六輕）就是要委託合格的清除業、處理業，或是跟經濟工業局申請再利用，或是跟我們申請產業自行處理。[34]

　　而事業廢棄物除清理外，尚有再處理之方式。依據廢棄物清理法第39條第1項：「事業廢棄物之再利用，應依中央目的事業主管機關規定辦理，不受第28條、第41條之限制。」[35]

　　在廢棄物清理法中，總共區分三個權責機關：一為主管機關；二為目的事業主管機關；三為執行機關。在副產石灰的案例中，中央主管機關為環保署、中央目的事業主管機關為經濟部。但法律似乎沒有規定，當環保署認定底（飛）灰為事業廢棄物時、經濟部是否應依據環保署之認定，依據事業廢棄物再利用之相關規定辦理？[36]同時，在副產石灰的案例上，追溯產品登記來自於雲林縣政府的授權，但是在經濟部的工廠管理輔導法當中的工商登記制度，並無法源規範主管機關能撤銷其資格。也因此，形成雙頭馬車的弔詭狀況。[37]

　　由於廢棄物清理法並無明訂中央與地方於事業廢棄物之認定位階與效力，

---

[34] 訪談中央政府官員B5，2013/10/01。

[35] 關於事業廢棄物再利用之法源，除了事業廢棄物清理法第39條外，尚有經濟部事業廢棄物再利用管理辦法，其中重要條文如下：
第四條　個案再利用許可之申請，由事業及再利用機構共同檢具再利用許可申請文件一式十份，向本部為之。前項申請文件內容應包括：一、事業及再利用機構基本資料。二、事業及再利用機構共同申請意願書。三、再利用運作計畫書。
前項第三款再利用運作計畫書內容，應包括：一、事業廢棄物基本資料。二、清除計畫。三、再利用計畫，包含國內外再利用可行性實廠實績相關佐證資料。四、污染防治計畫。五、產品品管及銷售計畫。六、異常運作處理計畫。七、緊急應變計畫。八、免實施環境影響評估或已通過環境影響評估之證明文件。
第七條　經前項書面審查後，本部得邀集相關領域學者專家及相關主管機關實質審查，必要時，得進行現場勘查；經本部通知限期修正申請文件，而屆期未修正者，本部得逕予駁回。
第十條　本部核發再利用許可文件，應副知本法中央主管機關、事業及再利用機構所在地之直轄市或縣（市）主管機關及再利用用途目的事業主管機關。

[36] 關於事業廢棄物再利用之法源，除了事業廢棄物清理法第39條外，尚有經濟部事業廢棄物再利用管理辦法。

[37] 經濟部工業局官員曾表示，對於六輕產出的石灰，因為是有在販賣牟利，工業局的認定就是種「副產品」，這是單純的認定問題。至於有沒有污染及處理方式為何，工業局尊重環保署與縣府職責與做法。取自http://www.libertytimes.com.tw/2012/new/nov/21/today-center3.htm

造成了中央主管機關環保署已確認底（飛）灰爲事業廢棄物，地方主管機關雲林縣政府卻採取產品認定，而從最後是由雲林縣政府認定飛（底）爲事業廢棄物之行政作爲來看，地方主管機關似有更大的行政處分權？

當今廢棄物的行政管理，多朝向源頭減量與清潔生產的政策方向前進，將過去的「從搖籃到墳墓」取徑，轉變爲「從搖籃到搖籃」的概念。然而，這些進步的概念若欠缺一個較爲整體的管理架構來配合，實難以發揮全面效果，亦無法解決廠商以生產原料、副產品及再利用之名，行規避廢棄物清理法管制之實。

第五節　小結

環境與產業生活息息相關，環境事務的推動，已是當代政府重要的公共課題。環境治理考驗著政府機關在各項公共事務的執行與協調、資源獲取、策略管理等能力。但當一個以傳統農業爲基礎的農業縣，遇到了龐大的石化專區與資本，其環境治理問題，特別是目前既有的環境管制方式、人力、經費與相關設備資源，似乎遠超過一個農業縣政府的能力，而形成一種管制失效的狀態。而這也造成六輕營運以來不斷發生各樣環境問題的原因（杜文苓、施佳良、蔡宛儒，2014）。

從地方環境治理的角度來看，六輕營運後不斷發生的環境爭議，有其結構性因素，可以分爲中央與地方權限爭議，以及地方執行困境兩個面向來探討。在現行的各種環境相關規定中，中央與地方在環境管制上的分工劃分爲：中央政府進行法規修訂、標準設置，以及各樣書面審查作業等，位處於督導與協助的角色；地方政府則負責各樣規定的執行與執法判斷之相關權限。廢氣燃燒塔的緊急使用必須由地方主管機關認可才能使用即是一例；而揮發性有機物的監督與排放許可，更需要地方政府進行核可准驗。

而本章所討論的副產石灰爭議，根據廢棄物清理法，則有三個主要權責機關，包括主管機關（環保署）、目的事業主管機關（經濟部），以及執行機關

（雲林縣政府）。我們從前述分析中看到，當環保署認定底（飛）灰為事業廢棄物時，經濟部及雲林縣政府似仍維持產品之認定，而台塑六輕則運用行政程序上認定的模糊地帶，以及不同機關間在環境事物上缺乏整合協調的情況下，硬是將沒有市場獲利價值的副產石灰，從事業廢棄物轉成產品，來規避較為嚴格的管制與處理程序。看似簡單的副產石灰屬性認定問題，卻因指涉主體不盡相同，且廢棄物清理相關法規對於事業廢棄物並未有明確的定義，而造成石油焦燃燒後所產生的混合底（飛）灰的石灰及水合石膏，在六輕有心規避管制下，偷渡轉換成產品認定，致使問題延燒不斷，直至各地爆發公害抗爭，才以行政裁量方式，依據業者處置等行為認定其為事業廢棄物。

　　雖然六輕副產石灰認定為產品或廢棄物的問題，不若六輕其他更顯著課題，如健康風險、工安（杜文苓、施佳良，2014）、VOCs（於本書第五章詳細討論）、環保監督與擴建等問題（杜文苓、施佳良、蔡宛儒，2014）引發更多的社會關注與劇烈爭議，最後也在一連串雲林、彰化、台南等地的民眾抗爭下，終促成中央與地方在處理原則上達成共識，將六輕副產石灰認定為事業廢棄物，由雲林縣政府取消產品認定後暫時落幕定案。不過，一個簡單而不複雜的課題，卻意外凸顯政府各單位在管制巨型石化專區的疲軟，除了機構之間橫向溝通整合不足而徒生歧見，給予企業遊走法律模糊地帶，至今對於仍在不斷增加的副產石灰，也尚無釜底抽薪的解決之道。而從2012年以前任意棄置的石灰，也還未有妥善的處置方式，只能繼續堆放於六輕廠區，治理效能仍有許多值得提升的空間。

　　當然，要求一個相對貧窮以農立縣的地方政府，負起管制投資金額高達5,744億，年產值上兆的六輕運作所產生的環境問題，不僅有管制能力先天不足的困境，更有地方政府與企業間權力失衡的後天失調問題。尤其地方管制執行者與被管制者間懸殊的資源實力，使企業可以挾其豐富的資源，透過一些回饋基金的設置，安撫、收編甚至主導地方之監督力量與議程方向，也可以發起針對性的策略性訴訟（包括透過行政程序進行管制的拖延，或防止公眾批評的提訟手段），來反制公部門的管制。接受我們訪談的地方政府官員皆不約而同

的提到，台塑六輕經常針對違法裁罰提起行政訴願與訴訟。一位地方官員指出，有時六輕花在訴訟上的成本都已經高過罰款金額，看起來不太理性，但就企業來說，提告有翻盤的可能，讓地方官員疲於奔命的往返法院，更可能使官員進行裁罰時心生忌憚。

　　我們所有的罰單，罰款十萬塊，不管是廢氣排放量超過、還是被我們發現哪裡有污染，反正就是文件下來，罰他們十萬塊的時候，他們可以花六萬塊錢請律師跟我們打訴願，訴願被駁回、沒關係，還可以再花六萬塊請個律師跟我們打行政訴訟，輸了沒關係，還是可以再花個六萬塊、請個律師，跟我們打高等行政訴訟。連同裁判費用、律師費用，我想至少需要二十萬，已經比這罰單多兩倍啦！如果判他輸的話，他還要另外付我們二十五萬喔！那你會不會覺得很奇怪，這個企業的頭腦會不會太誇張了？為什麼願意去花這種錢？[38]

　　在副產石灰的爭議中，官員更指出由於台塑六輕認定其為產品，只要是跟廢棄物有關，就會打官司，表示「他們就是律師多」，[39]所以雲林縣環保局一年需要編列「很多的律師費，必要的時候要請法律專家來鑑定，大概很少環保局的會那麼多」，[40]承辦官員也需要勤跑法院針對裁罰法條等進行解釋。

　　副產石灰訴訟問題仍未完全落幕，而其所造成的實質環境影響問題也尚未完全解決。雖然在環保單位積極介入下，六輕已暫停將副產石灰委託「再利用」廠商運至廠區外，隨意棄置的情況亦不復見，但先前傾倒於各地的廢石灰目前尚未妥善處置，還等待各個地方環保單位依據廢棄物清理法相關規定，要求相關物主擔負清運責任。整個事件也突顯出事業廢棄物缺乏明確定義的問題，蓋「產品」乃為具有市場價值之商品，能於市場中流通、販售，當產品無法履行市場交易之職能時，實質上就是事業廢棄物。在本案中，即使主管機關有事業廢棄物之認定權，但因為被副產石灰登記為產品的法律效力阻礙，形同

---

[38] 訪談地方政府官員H2，2012/06/01。
[39] 訪談地方政府官員A1，2013/09/24。
[40] 訪談地方政府官員A2，2013/09/24。

虛設。這也顯示廢棄物清理法應儘速修訂，賦予事業廢棄物之明確定義，並且建立在風險預警原則之下，事業廢棄物之認定應優先於產品登記的判斷原則，以實現環境保護之施政優先性，並期許未來在遇到相關認定衝突的問題時，能有依循的準則。尤其本案例中飛灰及底灰的部分最早被認定為事業廢棄物，混合飛灰及底灰的副產石灰是否屬於廢棄物？則在法規上界定未明，後來乃以副產石灰實際處置的行為認定為廢棄物，而不是以其屬性來認定，這部分所留有管制的模糊空間，宜考慮明確化。此外，飛灰及底灰在現行法規中界定為一般事業廢棄物，然混合石灰及石膏之後其強鹼性已接近有害事業廢棄物之性質，亦有進一步明確界定的需要。

　　不過，追究副產石灰的大量產生，實與燃燒石油焦有關，國內目前僅中油及台塑有石油焦之生產，而中油主要是做為工業原料，台塑則做為自廠汽電共生機組之補充燃料。石油焦乃經公告易致空氣污染物質，且其生產過程會產生副產石灰及石膏問題。從我們分析六輕的案例得知，其回收再利用價值低，欠缺市場價值，而處置方式倘若不當或治理失能，更可能衍生出棘手的環境公害問題。

　　事實上，石油焦燃燒所產生的副產石灰，相較其他環境副作用，或許還不是最嚴重的污染問題。根據雲林縣政府自2009年起，委託國立台灣大學連續五年執行〈沿海地區空氣污染物及環境健康世代研究計畫〉結果顯示，發現六輕排放氣體與當地民眾健康有「顯著相關」，而運用污染玫瑰圖評估二氧化硫對石化工廠下風居民衝擊，發現六輕燃燒石油焦與媒的兩個電力供應系統，是構成工業區最大硫氧化物SOX（70%）的排放源。[41]地方民間團體因而發起連署訴求，要求雲林縣政府根據《空氣污染防制法》，針對生煤、石油焦等易致空氣污染物質之使用不再展延續發許可證。[42]面對近一年來民間團體「自從六輕

---

[41] 詹長權、謝瑞豪、袁子軒，2010，〈運用污染玫瑰圖評估二氧化硫對石化工廠下風居民之衝擊〉。資料取自https://drive.google.com/file/d/0B1w-CfixVP4JV3FuNVVnbU1KZ1U/view

[42] 資料來自台灣連署資源運籌平台，由律師、學界、醫界、民團發表連署聲明，要求李進勇縣長依法行政，石油焦與燃煤許可證屆期不延展。取自http://ppt.cc/46Sa

來了」不斷訴求六輕禁燒石油焦與煤，雲林縣長李進勇表示將兌現選前「雲林縣內電業禁燒石油焦與煤」承諾，要求環保局依立法程序修正法令，禁止六輕燃燒石油焦與煤。[43]從以往爭議中相關單位回應處置方式以及治理效能進行綜合判斷，我們認為環保單位應結合區域空氣污染總量管制政策，嚴格管制石油焦做為燃料用途，也將可一併解決副產石灰衍生的廢棄物問題。

　　本章的分析顯示，中央與地方政府在處理六輕這種大型石化專區的環境治理事務上，在法令的整合性、完備度，及府際間的權責劃分，還有許多可以提升的空間。如果政府相關單位連副產石灰的認定與處置，都要如此曠日廢時，大費周章地與企業周旋，對於更為複雜的健康風險、空污管制，以及六輕擴建之環境影響評估等問題，其有更多相關監測數值證據與資訊等掌握在企業手上，就讓人更難對政府的地方環境監督與治理充滿信心。

　　不過，我們也要指明，相關政府單位在權責重疊，或不同管理面向上，仍有權能來進行有效能的治理。因此，各機關除了依據法理釐清府際權責外，更重要的是發展積極解決問題、提升治理效能的意識，以及認知環境議題的跨領域、跨地域及不確定性，需要更密切的聯結，而非更明確切割的態度。尤其環境行政旨在解決實質環境問題以及風險預防的前提下，行政機關在法規規範不周全或衝突之處，更應積極發揮職能，進行機關間之研商協調；對於污染之評估，宜採更為開放態度，容納更豐富多元之資料與方法，精進環境污染事實之掌握，以提供相關決策判斷更為健全厚實的基礎。蓋現今社會的價值多元、關係複雜，環境治理的領域常有超越過往行政經驗的課題產生，面對富可敵國的企業，更面臨管制上相當多的挑戰。因此，風險治理新典範的建立、行政倫理的變革以及行政組織的整合與彈性化等課題，值得各行政單位持續探討。

　　最後，我們也要指出，六輕副產石灰爭議延燒，主要來自地方社區居民的抗爭壓力，迫使各級政府機關積極面對問題。對地方環境治理而言，公民透過

---

[43] 詹士弘、鄭旭凱、張慧雯，2015/01/20，〈雲縣府：六輕禁燒煤、石油焦〉，自由時報。取自http://news.ltn.com.tw/news/life/paper/848759

體制內建構的各種參與管道，可以彌補部分地方執行監測與人力不足的問題，也可豐富地方環境知識論述，對抗企業主導的環境科學詮釋權。誠然，目前地方公民社會尚未發展足以與六輕主導環境論述之抗衡力量，但地方經驗與參與在政策過程的微弱角色，更顯示政府應儘速調整制度槓桿，以支援公民在體制內扮演更具建設性角色的迫切性。Diers（2009）於《社區力量》一書中即指出，面對社會與環境議題漸趨複雜的挑戰，單靠政府的施政管理常顯得捉襟見肘，如何促進社區自主發展計畫，為美好的家園未來而努力，便顯得格外重要。政府應透過政策資源支持社區的培力，而這種「社區培力政策」的執行，需要創新的思考與制度設計，重塑政府與民間在環境治理中的夥伴合作關係，來平衡現實政經結構中管制失衡的困境。

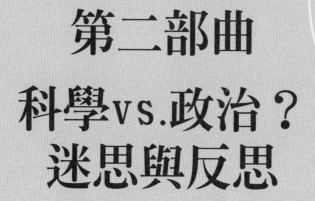

第二部曲

科學vs.政治？
迷思與反思

　　前兩章我們梳理台灣環境影響評估制度的運作問題，以及開發計畫通過
環評後，攸關地方政府與中央環境主管機關監督執行的行政挑戰。以下兩章，
我們將焦點放在環境行政與管制科學最爲器重的「科學」與「科學專家」，
討論「科學」在環境政治中的角色。一般而言，傳統環境決策模式講究經濟與
科學技術理性，科學因而扮演重要的角色，其不僅作爲政策決策程序的設計核
心，也成爲決策的正當性來源。科學知識提供了政策決策者在評斷上的「客觀
性」，因而賦予政策產生說服力。而擁有科學理性的技術專家，更被視爲是可
以提供環境或科技問題處理的最佳人選。

　　誠如本書第一章所指出，將環境政策劃歸爲科學專業問題，把專業與政治
進行二元劃分的想像，卻可能忽略了科學在政策過程中的侷限性，與其在政策
問題建構以及知識生產面向上的政治性。一些本土的研究（如周桂田，2000,
2005a, 2008；杜文苓，2010）也發現，強調科學實證主義精神的治理模式，忽
略了風險課題中科學之外的社會、價值、倫理與政治運作等層面的爭議，早
已無法妥善處理科學不確定性的問題，而台灣社會的科技發展取向以及官僚主
義，更造成風險問題的隱匿與風險治理的遲滯與怠惰。不過，既有研究較少關
注與解釋環境知識建構的根本問題，以及一種去脈絡化的科學行政對環境治理
的影響。

　　以下兩章，我們將透過檢視環保行政機關近年來所推動處理環評爭議的
「專家會議」，以及六輕揮發性有機污染物（VOCs）的管制爭議，細緻地討
論「科學」與「政治」在環境決策中交織纏繞的關係。這兩章的討論將特別

指出，當代環境決策中科學與政治的關係，可能無法簡化為外界一般所想像的「政治利益會污染客觀專業」這樣的命題，從而衍伸出「政治不應涉入專業，專業才能解決問題」的看法。當環境預評估與管制政策的執行與判斷都立基在科學知識之上時，所牽涉的不會只是單純的政治操弄科學的傳統問題，也會包含了制度設定所引導科學知識生產走向這樣的一個新議題。如同Jasanoff（2004b）所提醒，科學知識的生產也會受到法規標準、資金投入等諸多的限制，科學知識建構本身就是一個政治過程。因此，科學專業知識在政策過程中如何被建構與引進、政策議程設定如何影響知識的產出與詮釋、誰在主導科學與風險的相關定義，以及「科學性」結論如何被執行等，不再是決策程序中無法質問的前提，而是需要被檢視的問題。

第一節　「公民參與、專家代理」？環保署推動的專家會議

　　前文提到，環評過程中，常會出現情況複雜的爭議議題，未能短時間於環評會議中產生結論，其專業性與效率等問題備受挑戰。為解決環評審查中日益增多之爭議，環保署於2008年9月17日，修正發布《行政院環境保護署環境影響評估審查委員會專案小組初審會議作業要點》，並於第3條增設初審小組之外的「專家會議」，規定「專案小組召集人得視個案需要，經主任委員同意，就特定環境議題召開專家會議」，希望釐清爭點，增進環評制度之效能。[1]

　　這個「專家會議」機制，旨在邀請爭議各方，包括人民團體、開發單位、地方政府等，各推薦專家學者代表一至二人參加，與原專案小組進行專業討論之機制。這個環保署稱為「民眾參與、專家代理」機制，希望藉由專家間專業對話，進行「價值與利益中立的、客觀的查核與討論，釐清爭議事實，以兼顧環境影響評估審查品質及效率」。[2]自制度創設以來，環保署針對幾個重大環

---

[1]　原條文請詳見http://ivy5.epa.gov.tw/epalaw/search/LordiDispFull.aspx?ltype=03&lname=1330
[2]　葉俊宏，2009/07/06，環保署回應「核廢料處置的專業與經驗」，台灣立報。取自http://www.lihpao.com/?action-viewnews-itemid-18281

評爭議案件，如霄裡溪污染問題、六輕健康風險、中科二林園區之放流水、西海岸開發案對中華白海豚的影響、非游離輻射預警措施、台電整體溫室氣體減排計畫、大林電廠擴建等，舉辦過數十場次的專家會議，並聲稱效果斐然。不過，也有相關報導指出，專家會議定位不明，效能不彰，並無法真正解決爭議。在此脈絡下，本章嘗試從風險管理中專家角色的討論，以及後實證政策分析觀點出發，檢視專家會議的運作模式，瞭解環境決策賴以憑藉的專業知識建構過程，以及專家會議鑲嵌於現行環評制度的運作課題。

　　本章希望藉由分析環評制度內的專家會議運作，呈現台灣行政機關處理風險課題的特質與樣貌。並進一步探詢，面對環境風險爭議，現行行政機制如何生產與運用相關科學知識，進行決策判準？而目前環境決策程序，如何定位專家角色？上述決策所需的知識生產過程與專家諮詢在決策程序中的定位，又遇到哪些難題與困境？透過上述問題的分析，筆者希望針對專家角色定位與相關制度安排提供一些新的思考，以符合社會對於追求民主程序與科學精神的期待。

一、專家會議的設置概念

　　專家會議設置的目的雖未在作業要點中言明，但根據環保署在一些相關會議中的議事說明、所發布的新聞稿、或署長的新聞訪談記錄顯示，有以下幾種說法：針對重大環境爭議，釐清科學事實問題；[3]針對污染的健康危害爭議以及評估未管制污染物的潛在危害提供諮詢；[4]專家代理權益相關者參與開發決

---

[3]　環保署，2009/06/30，〈「六輕相關計畫之特定有害空氣污染物所致健康風險評估」專家會議開會通知〉相關附件，「六輕相關計畫之特定有害空氣污染物所致健康風險評估」專家會議議事說明。取自http://atftp.epa.gov.tw/EIS/098/E0/09375/098E009375.htm。另外，沈世宏在《台灣新經濟簡訊》中受訪表示：鑑於環評因爭議多而常有延宕，恐影響投資意願，專家會議可將爭議議題從審查案中切割出來，「以釐清事實，讓審查會議聚焦」。詳見胡慕情，2010/08/18，〈讓專家們進退維谷的環評「專家會議」〉，PNN-公視新聞議題中心。取自http://pnn.pts.org.tw/main/?p=7090

[4]　環保署，2008/12/25，〈行政院環保署未管制污染物健康風險評估諮詢作業規範〉。

策過程；[5]時任環保署長沈世宏在環保共識會議中，更宣稱專家會議就是「一個科學事實發現過程裡面的一個參與機制」，運用政治參與機制，使事實擺脫爭議的糾葛，產生「公認的事實」。[6]

上述幾種說法顯示，環保署一方面強調專家會議的「科學客觀」與「價值、利益中立」的專業諮詢，是一個「利益不介入」的平台，可以提高審查結果公信力，以消除外界對事實認定的質疑；[7]另一方面，認為此平台是屬於關係人參與，推薦其信任專家進行爭議問題的研判討論，「就是讓公眾參與……於此平台表達意見」。[8]專家會議究竟是不同利益研商討論的平台，或是客觀中立釐清科學事實的場域，似乎未有定論。但環保署自創設此制度後，還不斷強調「專家會議」是一種「公民參與制度」，旨在「以公民參與協助（常任性質的）環評委員認定『事實』的正確性，藉以提升『事實』認定的公信力。」[9]這樣的說法多次出現在署長公開場合的談話，環保署更委外進行相關研究計畫，探討環境風險評估之公眾參與和專家代理，以「釐清專家會議中的公眾代表性」。[10]民國99年（2010年）度的環保共識會議，更以「中部科學工業園區等環評審議案件，您是否贊成採行『公眾參與，專家代理機制』審查制度？」為主題。[11]

5　環保署，2010/11/14，〈99年下半年度環保共識會議〉，會議議程主題三：「環評制度與民眾參與」及「公眾參與專家代理」授課簡報內容。
6　環保署，2010/12/05，〈99年下半年度環保共識會議〉。
7　李先鳳，2010/08/15，〈中科健康風險評估　專家公評〉，中央社社稿。取自 http://news.cts.com.tw/cna/society/201008/201008150540563.html
8　李先鳳，2010/08/15，〈配合中科三期案　環評大會提前〉，中央社社稿。取自http://news.cts.com.tw/cna/society/201008/201008150540563.html
9　行政院環境保護署綜計處，2009/07/20，〈澄清事實，不是打壓－環保署回應「籲請環保署勿濫用行政資源打壓環保團體《聯合聲明》」〉。取自：http://ivy5.epa.gov.tw/enews/fact_Newsdetail.asp?InputTime=0980720181521
10　柯三吉、陳啓清、賴沅暉、衛民、張執中、黃榮源、張惠堂、李有容（2010），〈我國環境風險評估之公眾參與和專家代理機制探討〉環保署委託計畫報告，（編號：EPA-099-E101-02-220）。取自http://epq.epa.gov.tw/project/projectcp.aspx?proj_id=0997827713。計畫目的之一為「透過本委託案之案例討論，釐清專家會議中的公眾參與之代表性，及專家會議未來發展之趨勢。」
11　環保署，〈99年下半年度環保共識會議〉。於2010年11月14日、21日、28日及12月5日，分4個週日場次舉行。

　　文獻討論中科學認識論分歧的「專家」、「公民」兩造，在環保署的政策
說法上，似乎可以藉由「專家會議」這個機制，成功地融合在一起。在環保共
識會議的簡報中，環保署官員指出聯合國授予人民對環境事物的資訊獲取、決
策參與及法律訴求權公約，而環保署因應此國際趨勢，設計了「專家代理」機
制，以落實公眾參與。簡報中並以圖說解釋風險評估決策分兩階段：風險評估
（決定風險大小）以及風險管理（決定可接受風險），而「專家代理」正是風
險評估階段的核心，負責確認事實與影響預測合理性，作為下一階段負責風險
管理決策者的參考。環保署進一步闡述此機制功能，為風險評估階段的「決策
參與」機制，由爭議各方推薦專家進行專業對話，針對爭議的事實與推論進行
「價值中立、客觀的查核討論，確保最終獲得的共識，不受爭議各方及權益者
的影響及扭曲。」這樣的機制，「有效連結風險評估、管理與溝通等3部分，
運用於重要開發及環保案件，妥善解決環境保護與經濟發展衝突，獲取雙贏結
果」。[12]

　　從以上描述顯示，專家會議無疑地成為解決環境衝突相當重要的一環，在
環保署設計的制度想像中，兼具滿足「公民參與」與釐清「科學事實」，進而
達到平息環境爭議的目的。機制流程設計，由環評委員會或初審專案小組視需
求決議啟動專家會議，接下來函請爭議各方推薦專家，最後召開專家會議，並
於會議中宣讀專家角色定位說明。[13]

　　行政機關對專家會議的多功能定位，以及對專家參與環境決策的角色界
定，影響一些重大爭議案例環境決策的產出。專家會議是否達成釐清科學事

---

[12] 環保署，2010/11/14，〈99年下半年度環保共識會議〉，會議議程主題三：「環評制度與民
　　眾參與」及「公眾參與專家代理」授課簡報內容。
[13] 環保署，2009/06/30，「六輕相關計畫之特定有害空氣污染物所致健康風險評估」專家會議
　　開會通知相關附件，「六輕相關計畫之特定有害空氣污染物所致健康風險評估」專家會議
　　議事說明。取自http://atftp.epa.gov.tw/EIS/098/E0/09375/098E009375.htm 其第四條條文：(1)
　　非基於其推薦單位或團體的利益或價值觀而發言，亦非維護自己的價值觀而發言。(2)係基
　　於本身專業倫理，就文獻查考、調查及統計方法與過程、事實證據可信度之確認、推論及
　　預測方法過程正確性與結果之不確定或確定之程度等，進行價值中立與利益中立的科學性
　　客觀討論與結論。(3)確保其他專家未因其推薦單位或團體的利益或價值觀而扭曲事實或推
　　論，使審查或評估結果具有公正性、保障所有權益相關者的利益獲得正當的對待。

實、解決環境爭議等預期目標,至今仍眾說紛紜;而其組成運作模式,是否就是落實公民參與環境決策,甚而可以取代其他公民參與機會,更受到外界的挑戰與質疑。以下,我們嘗試釐清上述專家會議運作之爭議,討論會議中的科學事實建構與組織決策邏輯,省視現行制度的能與不能。

第二節　專家會議中的知識生產芻議

一、資料蒐集與方法探究

要瞭解專家會議的運作狀況,觀察紀錄會議的進行,詢問與會者的經驗、想法與意見等,都是獲取第一手資料不可或缺的步驟。而自環保署設置專家會議機制以來,針對不同環境爭議,在中央以及地方,總共舉辦過數十場次的專家會議,有總數相當多的專家與民間團體代表參與其中。因此,要選擇哪一個個案進行二手文獻與剪報蒐集?哪一個場次進行田野的觀察與紀錄?要針對哪些專家訪談、諮詢等,無疑是一大考驗。

在蒐集初步的資料後,筆者決定以過去長期關注的高科技以及石化產業開發的環境影響議題作為標的個案,檢視中科三期、中科四期、霄裡溪光電廢水、六輕與國光石化幾個案件中所召開的專家會議。一來是受限於經費與時間,必須在個案與諮詢的人數上有所取捨。二來,是這些長期關注的個案資料掌握,已擁有一定的基礎與深度,對於專家會議中討論所涉及的跨域專業門檻問題,較容易克服。設定個案目標後,一方面蒐集相關會議資料,包括會議中的簡報檔、審查評估報告書、會議紀錄、新聞報導等;另一方面,對於正在審議中的個案,盡可能參與現場的紀錄觀察。

研究團隊進一步將每一位專家的發言內容做個人資料、會議名稱與時間的分類索引。這些基礎資料的蒐集與整理,協助我們指認不同專家委員在會議中的立場與態度,並成為訪綱發展中探討決策知識與專家角色的重要基礎。於此同時,我們聯繫相關會議參與者,希望進行深度訪談,但約訪過程中卻不

順利，回絕比例不低。[14]擔心缺乏多元異質觀點的呈現，我們重新擬定約訪策略，改採焦點座談法。這個研究策略的轉向，是在運用原本設定研究方法受挫後，如何持續進行具高度敏感性政策爭議研究的反思。

研究團隊重新擬定座談題綱，並撰寫詳細的議題手冊，希望讓受訪者感受到這是聚焦於制度問題的探討，而非討論個人在某些場次會議的表現。細緻的事前資料蒐集與準備工作，輔以會議中研究者的主持技巧，導引與會者具體且聚焦的參與討論，我們希望克服焦點團體座談法常被批判如集體迷思、證詞污染等問題，並發揮此法實施的優點。我們發現，焦點座談的互動式討論，使不同觀點得以交叉對話，激發受訪者的反應與想像；而多場次的時間選擇，議題手冊的詳細說明，都有助於降低拒訪的比例。對於時間無法配合者，我們並擇期實施深度訪談。

在針對本章蒐集資料的過程中，研究團隊共完成3場次12人的焦點座談，另有3位臨時無法出席者提供書面資料，除此之外，我們也訪談2位在受訪名單內但無法配合座談時間出席的專家學者，座談與訪談相關資料請見表4-1。事前詳實的資料整理，得以協助受訪者回想過去會議討論情境；我們也整理出不同個案的會議結論，得以具體詢問結論生產過程中的知識辯證以及共識／爭議模式。原本為汲取受訪者經驗與知識的座談安排，卻意外成為不同觀點互動對話的平台，除了協助回答原本設定的研究發問，更為制度創新的想像激盪出不少的火花，實為執行此次研究的一大收穫。

---

[14] 我們所選擇的個案都是社會高度矚目的爭議案件，許多受訪對象擔心針對個人參與專家會議的經驗訪談，可能涉及個人表現與立場的選擇，而婉拒深度訪談邀約。

表4-1　本研究焦點座談／訪談之對象

時間	訪談對象代碼
2010/12/16	J、Y2、F、S、H、
2010/12/19	P
2010/12/19	JY
2010/12/24	K、B、CH
2011/01/12	Y、CI、Z、G
總計受訪人數	14人

資料來源：本研究整理

二、解析專家會議中的知識建構

　　環保署在其新聞稿與署長公開談話中，不斷強調專家會議的重要功能之一，爲釐清環境爭議中的科學事實。環保署在其新聞稿與署長公開談話中，不斷強調專家會議的重要功能之一，爲釐清環境爭議中的科學事實。不過，細讀選擇案例中的專家會議結論，發現不同個案中開會次數有多寡之別，委員間共識呈現方式不太一樣，問題釐清程度也有差異。例如，國光石化環評中「健康風險評估」專家會議開了超過3次，於結論中確認未來鄰近鄉鎮居民可能承受較高健康風險，並一一列出開發單位應補充包括不確定分析事項與風險管理各項措施，並將民眾所提之各項意見列入提送專案小組審查。[15]但同年8月17日舉辦的中科三期「健康風險評估」專家會議延續會議，與會委員提出許多尚未釐清或無法認同等三、四十個問題，包括，廢水中的脂溶性致癌物在海產、貝類等累積濃度；魚塭養殖風險更新版本中有新增物質，但濃度及風險卻降低等

---

[15]　詳見環保署，2010/11/16，〈彰化縣西南角（大城）海埔地工業區計畫環境影響評估報告書初稿〉及〈彰化縣西南角（大城）海埔地工業區工業專用港開發計畫環境影響評估報告書初稿〉案之「健康風險評估」議題專家會議第3次延續會議紀錄。

問題，[16]卻沒有進行另一次會議做釐清確認，而由環保署要求專家委員從其提供的四個「不同條件但皆為通過」選項中勾選一個，做為專家共識結論，逕送環評專案小組會議。當次的會議紀錄將多數委員勾選的選項做為結論依據，以及列出兩項開發單位應補充之資料。[17]

上述兩個案例顯示，與會專家們對於是否要再召開下一次會議釐清事實、爭點，乃至於對會議結論的產出，似乎沒有太多的主導權。幾位參與中科三期健康風險評估專家會議的委員，在座談時提到當初勉為其難勾選一個方案的情況，有人認為這份報告應該「還會回到我們這邊來看」，而且當時「主席打包票說到環評會會幫大家把關……他會全力維護（專家們的意見）到底……」，[18]因此，除了一位委員不願意選擇「既定選項」，多數人選了一個「勉強可以接受的」。[19]不過，這樣的結論到了後續的環評專案會議，環評委員卻未針對專家會議中委員提出的問題接續討論或回應，僅加了附帶條件送環評大會；[20]而到了環評大會，委員討論重點更不在廢水、空污、健康風險等意見，而是如何避免被法院撤銷環評，由署長主張在審查結論中加入「本案經環評委員審查後，已無對環境有重大影響之虞，無須依環評法第8條進行第二階段環評」作結。[21]

---

[16] 朱淑娟，2010/08/19，〈體檢中科三期健康風險專家會議〉，環境報導。取自http://shuchuan7.blogspot.com/2010/08/blog-post_19.html

[17] 詳見環保署，2010/08/17，〈中部科學工業園區第三期發展區（后里基地—七星農場部分）開發計畫環境影響說明書〉之「健康風險評估」專家會議延續會議紀錄。（一）與會專家中，除周晉澄教授不同意、江舟峰教授先行離席未表示意見外，其他專家及委員均同意評估結果產生的差異性以數量級、不確定性或定性討論的研判是不可忽略的，可用量化數值模式加以模擬，但是否仍在其所採減輕對策的可處理範圍，需在環評會大會審查決定通過環評報告前或定稿前或以差異分析方式，以量化數值模式加以分析，來確定其可採取減輕對策的替代方案及其效益。
（二）請開發單位依與會專家意見補充下列事項，送專案小組討論：
1. 放流水代表性樣品之檢測資料，並據以模擬放流水排放後之相關影響。
2. 應列表說明模擬所設定之相關參數、方法、情境及其設定理由。

[18] 焦點座談記錄，專家J，2010/12/16。

[19] 焦點座談記錄，專家H，2010/12/16。

[20] 朱淑娟，2010/08/25，〈未納入后里既存風險 中科三期環評初審過關〉，環境報導。取自http://shuchuan7.blogspot.com/2010/08/blog-post_9588.html

[21] 朱淑娟，2010/08/31，〈環評委員噤聲 中科三期環評大會過關〉，環境報導。取自http://

　　雖然有些專家認爲專家會議只決定科學上的事實，客觀的澄清一些事情，並非是決策單位，[22]但前段討論中科三期環評撤銷後重啓環評的案例，卻看到專家會議結論的實質影響。回到專家會議的知識建構現場，究竟專家引以爲憑據的討論是什麼？整個專家會議又如何運作？以下，循著本章所討論的核心提問，分析專家會議中提供決策的知識生產與結論判准過程，如何影響決策知識建構，以進一步瞭解此制度設計後設價值與觀點。

（一）先天不良的報告資料：開發單位評估報告的侷限

　　透過焦點座談與深度訪談，我們發現專家們在會議中主要以開發單位生產的研究報告爲本進行討論，而這樣的報告，通常是開發單位委託環境工程顧問公司，在環評既定的範疇以及技術規範基礎上，根據專家會議議題設定而生產，報告品質的正確性與周延性廣受挑戰。一位專家委員提到，

　　我看過很多顧問公司所做的研究，可能受限於他們的專業度或其他因素，他們所蒐集的data不是那麼廣泛，做的評估不是那麼得周延，然後應變力又不足，很多老師們對他們的建議，他們往往沒辦法吸收，他們提出來的結果一次、兩次、三次還是差異太大……[23]

　　另一位專家委員也認爲，這些報告所提供的知識很有問題，對於過去資料的整理並不完善，有許多是選擇性或部分的呈現，對於其他國家或新的文獻知識使用比較缺乏，也沒有整合在地知識。在這樣的報告基礎上，委員對於資料的正確性常有很大的質疑：

　　爲什麼我會說他不正確？很簡單啊！你去監測的這些data，到底對還是錯？有一些很內行的老師、研究人員在做相關的研究，爲什麼平常在這種水體和空氣

shuchuan7.blogspot.com/2010/08/blog-post_31.html
[22]　焦點座談記錄，專家Y，2011/01/12。
[23]　焦點座談記錄，專家H，2010/12/16。

可以看到的東西，在你的data都表現不出來？那真是很厲害的監測結果。那如果用那data來做我們最後健康風險分析的決策，會產生怎樣的結果？我們怎樣去看這些data呢？那專家會議能給你什麼，我不知道……[24]

對許多委員而言，開發單位所呈現的環境資料，常僅依照既定技術規範或管制標準的規定，但對一些不在規範中但重要的資料與證據，卻很少蒐集、提供；而能力與時間的限制，更使報告中的數據有相當的落差與侷限性。一位委員認為：

如果監測值的data夠，時間夠多，它的data蒐集夠大的話，一定會有些東西出來。因為有時候採樣點、時間、風向等（關係），可能不一定採得到……採樣的時間點沒有剛好，就容易各說各話，如果你有完整的data就比較好……[25]

一位參與國光石化相關專家會議的委員以生態資料蒐集為例：

生態的蒐集是長期的，不是要開發了才開始做研究，那通常資料一定是不足的，因為長期以來基礎的data都沒有建立……當我們建議做哪些調查他們都不願意，都說這些時間拖太長可能要做個兩三年，開發的時程根本來不及所以不願意去做。（如果）是科學方法科學調查，不管花多少時間你就是要去做啊，怎麼會因為你預期通過環評就不做調查？我們開的這些專家會議提供你該補充的東西你都沒有，然後主席下了一個很模糊的結論要補件，再補還是舊的東西，完全沒有新的資料進來……因為他不可能再重新去做呀，短短一兩個月的補件時間……[26]

不過，誠如一位專家委員所提，開發單位所提的報告並無法像學術研究可以做個三、五年，環評審查的過程中必須在行政的限制下進行，即使是專家會

---

[24]　焦點座談記錄，專家J，2010/12/16。
[25]　焦點座談記錄，專家H，2010/12/16。
[26]　焦點座談記錄，專家CH，2010/12/24。

議中的專家，也需掌握住環評範疇，否則怎麼做都不夠。[27]一位環工背景的專家更直言，業者提出的報告有市場和時間性的問題，很難提出對環境有嚴重影響的評估報告：

> 主要是業者直接委託無論是學術界或是顧問公司做這環境評估的時候，無形中已經有簽約甚至有一些保密協定，或沒有通過的時候尾款拿不到……在這些條件下，再怎麼有影響都不得不低頭，尤其環境評估在環工界來講是一個學生畢業之後蠻重要的工作……中間牽扯不但沒有釐清爭議，反而造成更多爭議。[28]

參與專家會議的環保團體代表則認為，開發單位的報告生產並不嚴謹，與環保團體搜尋的資料呈現很大的差異，也不會因為環保團體的挑戰而更新資料，以中科三期健康風險為例，環保團體提出許多學術報告指出致癌風險，但開發單位則是「拿最不可能發生的事件評估……並覺得你的東西不足做為參考」，而不予以回應，最後也沒有放入專家會議中討論。[29]

一位民間團體代表針對專家會議或環保單位將開發單位報告視為唯一科學性證據來源表示質疑。

> 這報告有其價值選擇性，開發單位想要避重就輕或隱匿真相也是很正常的事……但如果專家會議或環保署把它視為科學報告就有問題，先天性就決定它是科學的，而民間團體就被視為不科學或相對於科學的……這樣的立場選擇（意味）開發單位提出是科學，是數據。所以應該定義為開發單位提出來的是業務報告，然後專家被選出來是要去評估這其中的科學性如何……[30]

上述討論顯示，作為專家會議討論基礎的資料，由開發單位在特定規範

---

[27] 焦點座談記錄，專家Y，2011/01/12。
[28] 焦點座談記錄，專家B，2010/12/24。
[29] 焦點座談記錄，專家Y2，2010/12/16。
[30] 焦點座談記錄，專家Z，2011/01/12。

下提出，報告本身就有正當性（就開發立場想要避重就輕、隱匿真相）、周延性（設限於既定範疇精確性、技術規範與時程），以及衍生出的精確性問題。那麼，專家會議如何在這樣的資料基礎上，進行科學事實的發現與爭點的釐清呢？

（二）後天失調的會議運作：無能敦促知識再生產

　　我們遺憾地發現，面對先天不良由開發單位提交的審查報告，現行的專家會議運作，並無能力敦促知識的再生產，也無法發揮釐清科學事實的功能，這牽涉到環評時程的急迫性、原本環境基礎資料就薄弱以及會議議程安排等問題。一些專家委員們即提到，專家會議是否持續召開討論，不在於問題是否被釐清，而是從開發時程（或環評大會）設好的時間點往前推。為趕時程，密集安排會議，但新的資料也不可能及時生產出來，專家們耗費心神，出席率越來越低，而開發單位以拖待變，總會等到通過結束的一天。一位專家表示：

　　如果遇到主導性強，而專家被轟炸好幾次，有意見也懶得來了，就算來了也不想再提，有些時候就讓它過了。我看過幾次主導性很強……很奇怪是環評大會已經設好時間再往前推，就在這禮拜，走一次兩次就是那個有智慧的主席來決定……」。[31]

　　另一位專家提到，「報告一次一次送，然後一次一次開會，遲早有一次沒有辦法去開會，因為太多了……那當這一次發生的時候這個議題就結束了」。[32]有專家也認為，討論之後需要補充的資料需要較多的時間累積、產出，但「專家會議，還是環評會議一直開的話，就沒有時間再去做……」，就只能丟問題，把不確定性排除。[33]

---

[31] 焦點座談記錄，專家H，2010/12/16。
[32] 焦點座談記錄，專家B，2010/12/24。
[33] 焦點座談記錄，專家F，2010/12/16。

　　其次，台灣缺乏完整詳實的環境監測基礎資料，無法針對業者提出的數據資料進行再確認，縱使許多委員認為資料有問題或不足，除了要求顧問公司不斷補件，也很難得到完整資訊。一位專家指出：

　　台灣進行環境監測的數據相當薄弱，像環保署、衛生署和勞委會這種專業性強的部會，對科學資料的蒐集能力是很弱的。他們常仰賴一些顧問公司，顧問公司在資料蒐集時有不同層面的考量，所以像環保單位或衛生單位需要有它的監測機制。我們台灣環境監測的點要再做多密多密？台灣不同的工業像是在彰化在雲林，有那麼大重型的國光、六輕啊，（但）在雲林麥寮、在八輕國光這個地方，我們也沒有看到政府單位針對這些地區有比較密集網狀蒐集資料的情形。六輕議題不是一天兩天，應該有些detail，隨時會有議題出來，卻沒有看到一直探勘或更詳細的（資料），政府其實是滿怠惰不作為的……[34]

　　一位空污專家也提到，要用空污模擬健康風險資料，並非是兩三個月的事，而需要好幾年的觀測調查，但政府卻沒有相關的經費投入基礎資料的建置。

　　這些工作絕對不是開發單位決定開發之後再開始建這些基礎資料，絕對不可能在短期內三、兩個月，單單氣象要模擬五年，那你想五年氣象資料怎麼可能在這個地方會模擬，絕對是沒有的，所以這些很多基礎工作的確是政府要來準備。政府要準備的話這個經費……真的是很大的數字啦！可能環保署整個預算來做可能都不夠。[35]

　　但專家會議的議程安排，似乎無法對上述兩個造成資料不完整與知識侷限問題的狀況妥善處理。會議大部分時間仍是繞著開發單位提出的報告做提問討論，縱使牽涉到許多專業，「但專家可能只能看顧問公司給他的模擬結果，

34　焦點座談記錄，專家H，2010/12/16。
35　焦點座談記錄，專家B，2010/12/24。

然後符合所謂技術規範，以爲就沒有問題了……」。[36]大部分爭議性個案除了開發單位可以提供資料審查外，民間不太有經費資源進行對抗性研究，提出的在地觀察或相關報告，也很少能放入專家會議的討論議程。唯一的例外是國光石化健康風險的審查，原本環保團體推薦的專家包括中興大學的莊秉潔教授，環保署以其專長爲空污而非健康風險而拒絕，不過在第一次健康風險的專家會議中，莊秉潔教授仍到場列席希望能簡報說明，最後專家會議給予他五分鐘的說明時間。[37]而這個簡報說明的機會，後來卻衍生出台塑狀告莊秉潔之案外案。[38]

在焦點座談中，一些與談人對於專家會議只著重討論開發單位的報告表示不解，國光石化的案例，更顯示專家會議的制度設計只假設評估報告只有一份（只有開發單位的評估），並無提供不同意見交流激盪的討論場域，更遑論可以製造一個深化科學知識論述的機會。與談者提到，會議議程安排很固定，莊教授的報告並沒有排在議程裡面，而是會議開始前幾分鐘報告，第二次會議以後就沒有邀請莊教授出席，最後一次莊教授只能當作民眾列席發言三分鐘，而無法在會議中進行更深入的討論。

這個假設說評估報告只有一份，那國光石化的評估報告竟然有兩份，一份是開發單位，另外一份報告是學術單位，那這兩份報告進來的時候程序應該是什麼樣子？這事實上可以討論的。……也許應該是……開發單位報告十分鐘，學術單位評估報告十分鐘，然後開始民眾的意見…最後這兩份報告者回應十分鐘再討論，應該這樣子會比較好……[39]

---

36 焦點座談記錄，專家B，2010/12/24。

37 廖靜蕙，2010/11/12，〈莊秉潔：國光運轉後 每年死亡人數增加1356人〉。環境資訊中心。取自http://e-info.org.tw/node/60932

38 台塑公司針對中興大學環工學系教授莊秉潔在針對國光石化議題評論時，引其研究報告質疑台塑六輕排放物造成當地民眾癌症風險增加，提起民、刑事訴訟，求償台幣四千萬元。整個訴訟過程歷經一年半審理，最後法院判台塑敗訴。相關報導可見朱淑娟，2013/09/04，〈台塑告莊秉潔 敗訴〉，環境報導。取自http://shuchuan7.blogspot.com/2013/09/blog-post.html

39 焦點座談記錄，專家B，2010/12/24。

一位委員直言，既有的議程設計，「（顧問公司）資料沒有蒐集完整……一大堆人講一大堆話，都是即時性的，沒有辦法處理……」，結論產生的責任分到顧問公司與審查委員身上，「最後就是打迷糊仗」，專家會議成了「莫名的背書」機制。[40]這樣的決策程序，使一些委員認為專家會議像是一場開發單位的報告修正會議。[41]評估時程受限、沒有生產環境基礎資料的資源配置、以及缺乏促進不同知識交流討論的議程安排，都使專家會議的「科學性」受到挑戰，其所產出的結論也常無法提供更好的知識內涵，回應決策所需。

（三）便宜行事的劃地自限心態：弱化資訊的充分完整性

專家會議雖被賦予確認科學事實、解決爭議的功能，但從前面兩小節的討論，我們看到專家會議的運作並不利於知識生產或深化的期待。除了會議議程安排的侷限，受訪者進一步提出現行專家會議制度設計過於便宜行事。一位專家比較美國與台灣的經驗：

真正的專家就像美國要做風險評估，[42]在環保署下面就會有一個專案式組織，（從顧問公司或大學團體）找一群專家兩年到三年一起工作，在過程裡面，為了要做好，他們隨時提出問題，隨時蒐集，蒐集完大家再討論，是一個不斷反覆討論驗證的過程，最後才會提出一個很完整的報告。而台灣的專家會議是臨時出現的，他要一個流行病學的，我可能就被找去，要環工的，就可能從有環工背景的學者去找，看哪個比較順眼，或沒跟他吵架的，但最大問題就是data都已經在那邊，資料局部有局部沒有，要他補（齊）可能（審查）快結束了，就是一個期末報告，所以我都不知道去那裡要幹嘛……。[43]

---

[40] 焦點座談記錄，專家J，2010/12/16。
[41] 焦點座談記錄，專家Z，2011/01/12。
[42] 有關美國風險評估制度，較新版本可參閱以下連結 http://effect.net.law.upenn.edu/academics/institutes/regulation/papers/BurkeScienceAndDecisions.pdf簡述美國環保署所提供*Science and Decisions: Advancing Risk Assessment*一書的摘要。
[43] 焦點座談記錄，專家H，2010/12/16。

　　即便專家會議中有人提出一些科學方法可行，有助於釐清事實爭議的研究，也常迫於環評時程與經費考量而不被認可。一位專家以白海豚爭議的專家會議為例，認為釐清國光石化的開發是否會阻斷白海豚迴游，可以從建立基礎的食物網鏈著手，瞭解系統能量流，方法上可行，也曾在別的評估案做過，但因為時間與經費因素，最後不了了之。

　　我們建議要重建濁水溪口的食物網鏈，從基礎生產力，譬如說藻類的營養鹽，從一級消費者到白海豚最頂級的消費者，建立食物能量流跟物質流，這是生態學最基本的概念呀，但他們沒有做呀……七股工業區就有做過系統能量流……生物鏈的關係一層一層的被建構出來，可以做出來……他們不願意做，說做下去要兩三年，怎麼可能做成這樣……[44]

　　上述討論顯示，專家會議制度似乎無法擴大資訊、知識的掌握，缺乏相關的資源配置進行重要問題的釐清探索，沒有反覆討論驗證的過程作為釐清事實的根據，更缺乏長期相關風險評估知識累積的關照。與談專家指出，國外風險評估制度細膩紮實的設計我們沒有學到，但很多專家會議所討論的評估資料，都是用國外引進公式套上來，缺乏本土資料進行參數的修正，這樣的評估「有個外殼但是缺乏靈魂」。[45]

　　上一小節提到的國光石化風險評估，莊秉潔教授提供一個有別於開發單位的模式版本。他過去曾擔任環評委員，審查過六輕，認為過去評估風險都在可接受範圍內，卻與今日實際狀況落差甚大，而驚覺學術界應該提出更好的版本，為石化廠風險污染問題提出更具說服力的解釋。在國光石化的第四次環評專案小組初審會議中，他批評國光石化引用的空污評估模式有系統性低估的問題，「為何總是10的-4（萬人）或10的-5（十萬人死一人）？是因為拿國外以

---

[44] 焦點座談記錄，專家CH，2010/12/24。
[45] 焦點座談記錄，專家F，2010/12/16。

老鼠的實驗來看！」，而這樣評估「不夠本土化，並且有環境限制」。[46]

受訪的專家表示，以台灣為例，六輕是全世界最大的石化綜合區，相關評估應該建立本土性的資料，而不是用國外白老鼠作的實驗作參考值。在此，學者從本土實證調查出發，提出包括風向觀測、污染參數選擇等不同與以往沿用模式的模擬測量，得出國光石化營運後將造成嚴重健康風險影響的結論。他認為任何模式都有一定的不確定性，但他的模型卻比較能貼近民眾的經驗想像。

整個規範都是bottom-up方法，一定有系統性低估的問題，按照二十年來台灣空氣品質估算，絕對是低估的，民眾他講得是絕對事實，那是接近他所想像的……像現在國光石化說他是10的-5的等級，六輕他評估過也是10的-6等級，那我們就說10的-4好了，稍微把他弄高一點，是什麼意思呢？是一萬個人在這邊過一輩子才會有一個人得癌症死掉……你想想看在六輕那邊你聽到你阿姨什麼你……得到癌症，你的印象絕對不是一萬個一輩子才一個，你可能是一萬人每年一個可能還嫌少，對不對？……二十個親戚裡面就聽到誰得癌症了，絕對是percent等級的，絕對不是萬分之一的…我想講的是說，專家有一個很大的問題，如果按照技術規範來button-up，你再怎麼算都是萬分之一百萬之一，這跟民眾的認知差很大……。[47]

不過，這樣不同於開發單位所提供的研究成果並沒有在專家會議中被平等、充分的討論，環保署反而在相關報告廣為被報導流傳形成力量後，召開名為「國光石化營運造成PM2.5與健康及能見度之影響」及「國光石化營運將比六輕石化營運致癌死亡人數多150%」二篇報告的公開討論會，邀請論述與觀點相左的專家們「釐清環評審查過程所用評估方法相關的科學與事實爭議」。[48]並於隨後發布新聞稿表示，「會議的共識是該篇報告完整性及正確性不足，造成極為高估的PM2.5劑量效應係數，是國外公認結果的40到50倍，無

---

[46] 鐘聖雄、胡慕情，2011/1/27，〈青年擋國光 第四次專案小組慘勝〉，公視新聞議題中心。取自http://pnn.pts.org.tw/main/?p=20244
[47] 焦點座談記錄，專家B，2010/12/24。
[48] 行政院環境保護署綜計處，2011/3/25，〈環保署澄清健康風險評估的方法論討論會不是環評審查會〉。取自http://ivy5.epa.gov.tw/enews/fact_Newsdetail.asp?inputtime=1000325210651

法納入國光石化環境影響評估審查參考。」。[49]行政單位拉大陣仗質疑學術單位報告的正確性，卻不願意運用既有的專家會議或行政聽證等場域創造不同版本的對話，反覆驗證討論，也不以同一規格處理既有評估資料基礎的系統性低估問題。這樣的差異，更凸顯目前專家會議在相關科學知識的創造、流動侷限。

　　一位曾擔任環評委員的專家指出，目前專家會議運作，不要求委員進行現地的追蹤瞭解，僅從書面審查反覆要求提出證據，也無機制確認開發單位所提是否確實，雖然在地居民或團體有彌補一些資訊落差，但這些資訊並未被妥善處理，還是只由開發單位回覆。[50]儘管開發單位提供的資料有許多瑕疵，卻仍是專家會議唯一的資訊判準，民間提供的資料並無被納入評估討論。[51]這樣的制度設計高度仰賴專家既有知識，會產生許多問題與選擇性的疏漏，如要真正釐清問題，就需廣納多元的意見與更多外界的知識，並能針對意見差異進行解釋釐清，避免資訊選擇性的偏誤。

　　仰賴專家既有知識試圖去處理環評書件所呈現的內容，可能會出現的問題或疏漏是，專家既有知識並不足以處理爭議問題，原因是它可能有普遍性知識卻沒有個案在地的相關知識……（其次），資訊不足或不對稱，有些案子在審的過程，有關健康風險流行病學，在地有醫師找了非常多的碩士論文與政府報告，都顯示林園地區健康風險很高，污染負荷很重…這屬於該地的環境背景（知識），不屬於專家，那些專家沒有親自調查過，資訊必須由別人提供，但他又選擇性的使用了開發單位的資訊，不願意正面討論地方人士提供的研究報告的資訊……[52]

　　一位專家也認為，有些環保團體其實專業度高，能提出的關鍵性問題，也

---

[49]　行政院環境保護署綜計處，2011/4/15，〈環保署說明「健康風險評估方法論－以國光石化為例」討論會議結果〉，環保新聞專區。取自http://ivy5.epa.gov.tw/enews/fact_Newsdetail.asp?InputTime=1000415124555

[50]　焦點座談記錄，專家G，2011/01/12。

[51]　焦點座談記錄，專家Y，2011/01/12。

[52]　焦點座談記錄，專家G，2011/01/12。

貼近在地民眾的核心關懷，但沒有數據幫忙講話，開發單位也提不出相關資訊回應，最後「能回答就回答，沒辦法就呼攏過去」。[53]專家會議就常在破碎而不足的資訊基礎上討論，也少有對在地情況作詳實的瞭解，或從外界的質疑中發現問題，欠缺主動對問題的探索研究，自然無法成為釐清科學事實的公正第三者。一位民間團體代表指出，專家會議如果要做科學事實的確認，不應只有書面審查，而這需有更多的資源與系統的支持，進行在地的調查研究：

> 做學問要有五到，怎麼沒有腳到？但如果要專家會議做到腳到去確實釐清的話，那背後的資源系統是要夠的，環保署或開發單位必須提供這個資源……資源也包括了時間，可不可以給這些專家社群足夠的時間去釐清……如果連腳到都做不到，專家本身也不能承認這樣的審查是符合科學精神。[54]

以上的討論顯示專家會議整個制度設計的盲點，在聲稱追求釐清科學事實的背後，卻便宜行事的引用外來模擬模式與參數，也似乎不甚在意本土資料的尋找、積累與科學調查方法的研發，更劃地自限地侷限在開發單位報告的書面審查，缺乏在地脈絡的調查與瞭解。這樣的制度運作，顯示行政機關誤以為將專家們聚在一起開會討論，就會產生「客觀、中立的科學性結論」，而忽略科學評估事實的確認與生產，需要更縝密的制度設計與相對資源的配合與支持。這樣便宜行事的制度設計，使專家會議的「科學」功能盡失，僅能循著既定程序而淪為政策背書的一環。

第三節　「專家代理公民」的制度詭辯

我們從上一節的分析中，瞭解專家會議運作無法產出釐清爭議知識的侷限。以下，我們進一步把專家會議這個機制置入在整個環評程序中，從實際操

---

[53] 焦點座談記錄，專家H，2010/12/16。
[54] 焦點座談記錄，專家Z，2011/01/12。

作所面臨的各項課題，探討目前專家會議的組成與功能在行政程序中的設定問題，並分析這樣的行政設計，如何定位專家與公民在環境決策中的角色。透過問題的再建構，協助我們拼湊台灣環境風險管理模式與制度之圖像。

一、切割技術工程議題 限縮公民質問範疇

環保署定位的專家會議，其討論範圍是「侷限於該開發案有爭議的特定議題」，專家「係協助釐清審查過程各界已提出的質疑……並對該特定議題可能的最佳替代方案，提供……專家系統共識結論。」但也強調，專家會議結論並不具效力，因為「該專業面向的更佳替代方案，未必是各面向專業綜合考量後的最適方案，需留待環評會的專案小組及大會作最適方案的綜合考量時做成決定。」[55]

以上的聲明顯示，專家會議與環評中的專案小組會議相比，討論範圍應是有限制而深入，純就釐清各界質疑，並且沒有決定的權力。但環保署的說法，在實務運作的通則上，似乎無法為專家會議的結論效力提供解釋。從前文中科三期案例的討論中，可以看到專家會議結論對於後續環評通過有著舉足輕重的影響力；但如國光石化健康風險的專家會議結論確認風險增加，環保署長認為要考量石化帶來的經濟效益使人壽命延長，[56]也以公開討論會的形式，駁斥學術單位所提資料風險的高估。不同案例中專家會議的角色與效力也存有歧異，引起外界不少質疑。[57]

在焦點座談中，與會者就專家會議是否能與環評會議切割針鋒相對。有學者認為兩者可以切割來看，強調專家會議「只決定科學上的事實……客觀的澄清一些事情……把比較大家共通接受的數據送到環評會再由環評會來決定」，

---

[55] 環保署，2010/05/31，〈環境影響評估審查過程專家會議功能與共識方式說明〉。
[56] 單厚之，2010/11/12，〈沈世宏：六輕十年 雲林人更長命〉，中國時報，A16版。
[57] 朱淑娟，2010/08/19，〈體檢中科三期健康風險專家會議〉，環境報導。取自http://shuch-uan7.blogspot.com/2010/08/blog-post_19.html

而「範疇問題也不應是專家會議需要的決定……」。[58]但有專家認為，專家會議被環保署賦予解決環評爭議的角色，就無法脫離環評本身的功能設定，而在環評制度缺乏其他機制讓公民的聲音進來的情況下，專注於專家會議並無法解決問題：

> 我們沒有辦法像外科手術一樣把專家會議的脈絡切開來看，主觀上環保署期待專家會議扮演專家解決問題的角色，但實際上他的脈絡就是環評有准駁權，公民參與也是在最後才有這一點點……你的脈絡告訴我，如果在專家會議上面我不提出這些東西，就沒有機會了，就輸掉了……只聚焦在專家會議是不可能解決問題的，因為專家會議不是單獨拉出來的一個機制，是落在整個機制下面的……專案小組若能發揮這個功能不需要另有專家會議，重點在於怎麼看待所謂專家以及環評案後面整個價值和政治的問題……公民參與專家代理犯了時間點的錯誤，角色的謬誤。[59]

也有專家認為，專家會議的設計，代表了環評處理爭議問題的態度：不斷切割限縮在以科技工程為主的討論，藉以排除其他爭議；而鑲嵌於現行運作爭議不斷的環評制度中，專家會議很難進行純粹科學理性的討論：

> 現在的環評一開始在制度運作時就是不斷切割限縮議題，一再切割限縮到最後，其實專家會議算是極致。聽起來好像是整理各方爭議，但其實某種程度是把爭議限縮在幾個環境工程科技層面，排除很多其他爭議。限縮部分都是環境工程領域相關爭議事項，因為已經化約到幾個爭議事項，以至於這幾個爭議事項假設被處理的話，某種程度就可能會被通過，這是從上到下都有的認知，這幾個問題假設被專家認可，就已經獲得解決，通常意味這個開發案很可能會通過。在這種認知下，你專家會議很容易成為爭議的戰場，很難排除爭議戰場純粹科學理性討論。我的結論是專家會議不可能解決爭議……[60]

---

[58] 焦點座談記錄，專家Y，2011/01/12。
[59] 焦點座談記錄，專家Z，2011/01/12。
[60] 焦點座談記錄，專家G，2011/01/12。

　　專家會議被賦予討論釐清事實的責任，但所做的結論會被如何詮釋、應用，卻沒有後續參與的權力。在時間的限制下，往往由環保幕僚單位建議結論形式與議題設定等，並將範圍限縮於技術工程面的討論。這樣的專家會議設計，並無解決環評爭議背後的政治與價值選擇問題，反而更凸顯技術性操作的政治本質。

二、專家代理公民的弔詭

　　專家會議在環評過程中的另一個重要功能設定，為補充公民參與的不足，依照環保署的說法，是一種「公民參與、專家代理」制度。不過，如同前文的分析，專家會議一方面被賦予專業、客觀、中立釐清事實的功能，環保署更要求專家不能「基於推薦單位或團體的利益或價值觀而發言，亦非維護自己的價值觀而發言」，而應就「本身專業倫理……進行價值中立與利益中立的科學性客觀討論與結論」，並「確保其他專家為因其推薦單位或團體的利益或價值觀而扭曲事實或推論，使審查或評估結果具有公正性……」[61]。另一方面，則又視專家會議為一種政治參與面的機制，環保署長在環保共識會議中強調，「專家代理是一個科學事實發現過程裡的參與機制」，而受環保署委託研究此制度的計畫主持人，更表示「專家代理」具有「公民參與」的意涵：

　　在這兩者之間，應該在會前他們兩個應該要先有個溝通，起碼你這個居民的代表，你要跟你所推薦的專家講清楚……那你們兩個要形成討論，討論完了，你認同他來代表你參加，這時候我們就認為，這個專家應該已經接受民意推派代表的這個，那他再到專家會議裡面，三方面說這些都有公眾參與…[62]

---

[61] 環保署，2009/06/30，「六輕相關計畫之特定有害空氣污染物所致健康風險評估」專家會議開會通知相關附件，「六輕相關計畫之特定有害空氣污染物所致健康風險評估」專家會議議事說明。取自http://atftp.epa.gov.tw/EIS/098/E0/09375/098E009375.htm

[62] 環保署，2010/11/21，〈99年下半年度環保共識會議〉發言。

　　尋求中立、客觀的角色定位，本質上無可避免地與代議推薦制度有所衝突。不過，焦點座談與訪談中，受推薦的專家皆表示他們並無跟推薦單位有所聯繫，也覺得環保署定義專家代理公民很奇怪，自認代表的是專業：

　　有人說他們要推薦我，那我就同意啊！之後就沒有跟推薦單位聯絡了。所以你問我有沒有代表推薦我的單位？我根本不曉得他們的立場是什麼。很模糊地知道他屬於開發單位或是管制單位的，我是憑良心來……你是專業，怎麼代表誰呢？是代表你的科學啊！[63]

　　而推薦單位代表表示，他們推薦專家後也沒有後續的聯絡：

　　我們推薦他們（專家）以後，後續是沒跟他們聯絡的，只是跟他們說：老師，我們推薦你。其實我們完全是沒有溝通的，我們說，你老實講就對了……[64]

　　一位曾任環評委員的專家坦言，專家沒有辦法代理公民，這樣的角色設定，許多學者都感到困擾而不願意擔任專家：

　　我始終認為專家是沒辦法代理公民的……公民所謂的切身感受很難用科學來解決。我當過很多案子的環評委員，也主持過專家會議，我基本上是不擔任專家，因為假使我是民眾推薦的專家，我怎麼能夠不幫他就他立場來想，我就有義務要瞭解現地（狀況），很難擺脫說我不是代表他們的立場，他們找我因為他們相信我……假使我很堅持我的專業，跟我去體會民眾感覺，除非之間有很好的溝通協調，否則確實會有落差……[65]

　　一位專家批評專家會議功能定位的矛盾性，認為行政機關可能自己也沒有

---

[63] 焦點座談記錄，專家S，2012/12/16。
[64] 焦點座談記錄，專家Y2，2012/12/16。
[65] 焦點座談記錄，專家Y，2011/01/12。

弄清楚其功能目的：

> 如果說今天為了溝通，我要跟（推薦單位）瞭解，包括用什麼策略來（參
> 與）……其實是要很密切的溝通。……這個專家會議是為了民眾的參與溝通目的，
> 就要這樣做。但他今天遊戲規則寫的是要你價值中立，你不能代表（推薦單位），
> 要從科學專業性來發言。這裡就是有些矛盾。顯示環保署對專家會議的功能目的沒
> 有弄清楚。[66]

　　上述資料顯示，環保署期待專家會議發揮的雙重功能，卻將專家置放在一
個尷尬的位置。在實務運作上，「專家代理公民參與」所期許的政治溝通功能
並沒有發生；而訪談中也顯示，專家並無代理公民的主觀意願，更對專家會議
的功能設定感到困惑。而這個「公民參與、專家代理」課題，除了專家自我角
色認知與環保署設定功能有重大歧異外，「誰來認定專家」與專家組成推派問
題，更挑戰了「代理」的正當性。

三、狹隘的專家適格認定 阻礙多元知識的檢視討論

　　環保署自訂的環評專案小組初審會議作業要點規定，專家會議應邀請相關
人民團體、目的事業主管機關或開發單位，以及地方政府等三方，各推薦專家
學者代表一至二人參加。[67]此要點為專家會議的法源依據，也是環保署宣稱專
家會議具有代理公民功能之憑藉。不過，有人質疑，這樣的規定放在台灣環境
政治的脈絡上，民間團體推薦的專家永遠居於少數，有本質上的不公問題。[68]
此外，我們也發現，雖然專家會議運作方式可由持不同立場的利害相關者推派

66　焦點座談記錄，專家K，2012/12/24。
67　原條文請詳見http://ivy5.epa.gov.tw/epalaw/search/LordiDispFull.aspx?ltype=03&lname=1330
68　詹順貴，2010/9/2，〈中科三期專家會議大騙局〉，玉山週報64期。取自http://thomas0126.
　　blogspot.com/2010/08/blog-post_30.html

自己信任的學者專家，但推薦後，卻必須受環保署的「審核認可」，且在實務運作上，環保署也多次駁回民間團體推薦的人選。一些民間團體與專家學者質疑環保署的認定標準相當狹隘，僅從學者身分與其所指定學科判斷專家適格問題，而忽略參與經驗以及其他學科相關研究的專業：

專家的地位，環保署說一定要學者，這專家是環保署認定你是專家才是專家……我們覺得他參與那麼多，是我們這邊專家的時候，環保署不認定，專家變成由環保署裁決，那我要不要認定你（認定的）專家也有問題？[69]

國外推薦專家需要學科（限制）嗎？有些人本身不是學那個的，很專注那個議題，到最後就變成那個議題的專家……但環保署是不會把那個認定為專家……我們水資源部分推薦xxx老師，他是學環工，但他對水資源參與度很高，我們推薦他，但是環保署不認定，指他不是學這個，不是這方面的專家……[70]

另一位民間團體代表，也以中科三期健康風險評估為例，認為評估中應包含多個面向，應有多元的組成，但環保署卻相當限定某一特定領域的學者：

中科七星這個案子，就它排放出來的氣體去分析，如果基本有問題的話，整個都完了。這裡面空氣傳輸的模式很重要……我會推薦xxx，就是這方面他非常專……但推薦上去被否決掉…他們說：他只是空氣污染監測專家，不是健康風險專家。健康風險評估裡面涵蓋好幾個部分……你就不知道那些空氣傳輸的問題，這團體裡面應該要有適當的組成，這部分環保署沒有做到。[71]

一位專家也無法理解環保署對專家適格問題的判定：

我也不知道他要怎麼判定？是要出一個考題來考我們嗎？[72]

---

[69] 焦點座談記錄，專家Y2，2012/12/16。
[70] 焦點座談記錄，專家Y2，2012/12/16。
[71] 焦點座談記錄，專家F，2012/12/16。
[72] 焦點座談記錄，專家B，2012/12/24。

　　環保署與民間團體在專家適格上的認知歧異，加上可用公權力剔除其認為不適合的人選，這樣的行政過程，使民間團體質疑環保署行政操作，稀釋推薦比例，弱化民間學者的參與：

　　推薦遴選的時候，就是上層在操控的時機，就是小動作時機……他不喜歡這個人，就把他剔除掉。剔除掉一個，應該要通知人家再補一個，但是就悶不吭聲，那單位（推薦的代表）就剩下一個……[73]

　　學者提到，如果環保署真認為少數專家的推薦，可以代表民眾參與，那麼民間推薦公正人士時，行政機關「覺得這些人不合適，不能自己再篩，應該要回到原本單位，請他們另提人選進來……」。否則，在這樣的制度下，學者憂心主管機關掌握太多選擇權力，較為中立、批判的學者就不會留在體制內，造成反淘汰現象，這樣的專家組成就「有極大的問題」。[74]一位民間團體代表則認為，每個科學問題背後有不同價值問題，行政機關應以更開放的心胸看待專家的組成：

　　就組成的部分，一個重點就是它是不是open minded？我今天推出一個機關代表，在討論過程中還有其他科學問題，每個科學問題背後都有價值觀嘛，所以從不同價值觀可以看到不同問題，但還是一個科學問題，可以徵詢其他專家意見進來討論……[75]

　　環保機關對於專家適格的認定爭議，顯示行政部門無法從更寬廣的角度辨明釐清爭議所需的不同知識體系與專業，狹隘地拘泥於指定學科的學院派專家，忽略在地經驗與其他專業領域的知識貢獻。欲用行政權威操作專家適格認定問題，反而引起民間的反彈與不信任，質疑體制內專家參與的獨立性，更阻

---

[73]　焦點座談記錄，專家F，2012/12/16。
[74]　焦點座談記錄，專家H，2012/12/16。
[75]　焦點座談記錄，專家Z，2011/01/12。

礙了複雜多元的環境資訊提供與蒐集。

第四節　提升專家效能的制度安排

　　前面兩節的分析，指出專家會議運作的許多問題。那麼，討論這些運作限制，可以為台灣環評制度的改善帶來什麼樣的啓發呢？專家會議無法解決的釐清爭點、確認科學事實、強化公民參與等問題，又該透過什麼樣的制度設計予以補強？以下，我們借用本書第一章所討論的後實證政策分析與STS領域中所倡議的「參與式」、「審議式」的科技評估，強調透過科學、一般公眾、與利害關係人的互動，打破科學與公眾審議藩籬的主張，以及我們實證研究中所蒐集的訪談資料，進一步討論有助於增進專家效能的制度設計。

　　誠如本書導論中指出，科學專業審議無法獨立於複雜的環境政治脈絡，而決策本身就是一門跨科學的學問。政治決策不應把科學當成是給定的（given），而應去質問科學是如何被實行溝通和使用，以及知識生產與運用受到何種偏好的影響，所以決策中需要專業者與常民之間不斷地協商。這個科技民主的觀點，強調公眾參與可協助知識的共同演化與生產，進而主張創造一個讓專業科學家與政治社會學家觀點可以融合的「混合論壇」（hybrid forums），從而修正原本決策權與過程由專家主控的缺失（Bucchi and Neresini, 2007: 465）。

　　從這個觀點思考台灣的環評爭議，行政部門首先應理解到，既有科學知識並無法掌握所有的問題，所以解決之道絕非創造一個缺乏資源配套支持、程序設計便宜行事、只有專家才能參與的會議，把充滿政治角力的環境決策包裝成專業決定，造成機制的扭曲。一位專家特別提到，不能「掛在價值與政治決定下面，做一件你認為是科學中立的事情，這樣整個機制就很扭曲了」。[76]

　　不可諱言地，現行專家會議的制度設計，凸顯了一個非常值得檢討與揭

---

[76] 焦點座談記錄，專家Z，2011/01/12。

露的公共管理者常有的盲點，一種獨厚科學專家諮詢的治理模式；這非但反映
了行政機關狹隘的風險管理認識論，在實質的制度操作上，藉由專業之名來施
行公民參與、專家治理，更隱性的操弄與限制環評科學方法論往多元、開放的
評估體系邁進。這樣風險管理模式與運作，除了窄化風險的認識與理解、限縮
相關知識建構的可能，更將參與其中的專家置放在一個與公民參與衝突的尷尬
處境，而在爭議中一點一滴耗損社會大眾對行政機關與科學專業的信任。此與
Jasanoff（2004a）等學者所主張的風險評估「共同生產」框架背道而馳。

　　行政部門欲回應現行環評缺失，就必須承認科技知識生產有其特定的價值
取向，從而檢視環評科技知識的脈絡性、適切性、參與性與公共性，才能形構
出負責任的環評知識（林崇熙，2011）。換言之，我們需要正視科技知識的政
治社會性，並在這樣的認識論上，發展出良好適切的環評科學典範樣態。

　　以本章所探討環評專家會議何以難以釐清環境影響事實為例，我們發現現
行環境影響評估有「環境監測與基礎資料不足」、「開發單位避重就輕的資料
呈現」、「劃地自限缺乏在地多元知識的肯認與討論」，以及「忽略該做而未
做之科學」等問題。我們也指出，環保署操作的專家會議機制，本質上多重矛
盾的功能設定，並無助於解決環境爭議。從理解環評運作之政治脈絡出發，如
何改善現行制度缺失，並不難找到答案。

　　參與座談的專家從他們的實務經驗出發，認為要增加環評的專業性與公信
力，政府需要做到以下幾點：

（一）為本土環境資料的建立投注所需資源與建置相關能力，並接受獨立專業團體的監督

　　長期環境基礎資料的累積、整理、分析，是環境公共財的一部分，政府需
要投入相當的資源與建置相關能力。一位專家認為環境影響的判斷需要有充分
資訊的流通回應：

　　這個資訊的取得需要政府長期的追蹤，而這需要在第三團體的監督機制下，

要廣設一些監測點，蒐集這些基本的資料。我們現在政府太不喜歡去做這種基礎資料蒐集的工作。那結論就是有什麼數據講什麼話，給我們比較完整的數據，那麼專家才可以根據自己的專業提出建議。[77]

　　受訪者並強調，真正好的專家組成，是一個業界與政府之外的第三團體，從專家過去發表的著作與言行來進行推薦，這樣的專家比較不會受限於官方或業者的立場。否則現行專家會議的組成方式，推薦身分的問題就使專家可信度降低，在一個缺乏信賴的台灣社會，只會徒增爭議。

（二）積極研發貼近環境現實問題的科學方法

　　從前面的討論中，我們看到目前環評或專家會議的審查，常拘泥在既有的法規命令、技術規範或國外的模擬參數，缺乏地區環境特色的細緻調查與瞭解。一位專家因而強調，在地環境的評估項目，不應只依據法律規範做幾個項目，還應保留因地制宜的彈性，延伸監測其他項目。

　　有時候根據開發單位一些生產活動的特殊性，要延伸一些比較特殊的項目出來，所以我認為這方面應該要保持一些彈性啦⋯⋯譬如說中油公司監測的項目就是一氧化碳、硫氧化物、氮氧化物、懸浮微粒，就是偵測這些空氣品質裡面很平常的工作項目，但這些項目沒辦法反應出它真正的污染，或民眾真正感受到的污染。民眾聞到的可能是臭味，可能是有一些毒性化學物質、揮發性有機化合物，但這些項目沒有在裡面⋯⋯主辦單位會說我們是按照法規來，這樣有點被綁死⋯⋯這聽起來一切合法，從公務人員的角度來看法規變成他的保護傘，但就另一個角度來看，箝制了所謂的社會正義⋯⋯[78]

　　另一位與談專家以備受爭議的石化廠開發為例，認為台灣擁有世界級規模的石化工業區，對這方面的瞭解是在世界前端，不應對科學數據生產妄自菲

77　焦點座談記錄，專家H，2012/12/16。
78　焦點座談記錄，專家CI，2011/01/12。

薄，而應積極蒐集基礎資料，精進研究方法，發展貼近符合環境現況的適用參數。他指出：

六輕是全世界最大的石化綜合區，全世界最大的、第四大的火力發電全部在一塊區域裡面，所以國外的一些案例其實（無法反映）台灣的強度，因爲台灣已經是全世界最大的石化專區…無形中台灣的經驗才是應該全世界學習的經驗，不是我們去copy國外的、用老鼠做出來反應係數算一算……[79]

（三）重視公民參與對科學知識建構的貢獻

焦點座談中，不只一位專家提到公民參與有助於資料蒐集的重要，認爲專家並無法在一個封閉的討論體系中，生產出對於決策有參考價值的科學知識，而主張審查階段前，就應運用公聽會或聽證程序蒐集民眾意見，開評估審查會議時「就把民眾關切的每個事項都列出來」，讓開發單位先回應與研究，專家學者再追蹤驗證，才能解決目前拋出議題卻缺乏相對研究，無法釐清科學事實的困境，以及專家對問題閉門造車的討論。[80]

在地的公民常常有些觀察意見，但比較難取得一個說理邏輯有條有理呈現……很多專家大部分都不是現場的公民，所以公民有很多意見可以丟出來，讓開發單位去做，然後我們再去監督，針對這些訴求有沒有提供一些資料、解釋或是有效回應，從我們專業的角度來看……[81]

一位專家也支持這樣的看法，並從修訂健康風險評估技術規範中的缺失，談到公民參與的重要：

---

[79] 焦點座談記錄，專家B，2012/12/24。
[80] 焦點座談記錄，專家S，2012/12/16；焦點座談記錄，專家G，2011/01/12。
[81] 焦點座談記錄，專家H，2012/12/16。

　　我在審查技術規範的時候，就看出來說這一塊（公民參與）在還沒有開始健康風險評估的時候，就一定要先做，你才知道你評估的範圍包括什麼，要包括人家關心的東西，而不是專家閉門造車…[82]

　　另一位則從風險溝通的角度，認為環境影響評估的程序應反轉，從蒐集民眾意見開始，而這也有助於在專業審查會議前蒐集較為完整的資料，解決專家會議目前這種即時性組合與發言的會議模式：

　　風險溝通應該由現在從上而下轉為從下而上，而且從一開始就要有。一個案子要出來就應該開始做這件事，不是到後來才做的，翻轉過來可能會比較好……。[83]

（四）設計讓多元知識開放交流、聚焦對話的討論場域

　　環境議題的科學討論，背後牽涉價值取向問題，科學的模擬評估，也受到許多假設的限制與不確定性。而資料呈現的在地性、完整性與詳細度，更會影響評估審議的品質與決策的判斷。因此，只依賴專家的聚會討論，並不能有效提升環評專業品質，唯有瞭解「科學評估」在環境制度運作中的政治性，才有助於我們在制度設計與安排上，提供科學知識更適切的位置，使科學專業對於環境決策的貢獻得以充分發揮。

　　一些專家即主張，基於對於資料品質的需求，增進環評的科學專業性，行政機關應在程序中加強知識開放交流與聚焦對話的討論機制。受訪者批評目前環評審查的程序設計，是「一窩蜂丟出問題，過程中累積上百個問題，在實問虛答、避重就輕中不斷重複一樣的會議」，要避免這樣的問題，就必需在行政程序設計中「把爭點定清楚，大家針對爭點發言、聚焦」，[84]也才能「避免到

82　焦點座談記錄，專家S，2012/12/16。
83　焦點座談記錄，專家J，2012/12/16。
84　焦點座談記錄，專家CH，2012/12/24。

最後永遠沒有交集討論，大家開起會來很疲倦」。[85]

　　而前述問題討論中，提及狹隘的專家適格界定，以及侷限於技術工程面的議程設定問題，凸顯了環保機關對於環境專業範疇過於狹隘的認知，也忽略管制標準的認定，應有更多價值選擇面向的討論。

　　一位曾任環評委員的專家，認為環評委員會的組成有著專業領域的偏差，範疇上也側重工程科學：

　　環評裡面要審查社會經濟文化等項目，但我們通常沒有社會學者、經濟學者、文化學者，只有文化資產保存學者，死的文化沒有活的文化學者，對當地的文化沒有人在提的。範疇上某種程度上比較偏物理、化學、環工科學等，甚至生態學者在這之中的角色也一直被弱化。歷年來有動物學者可能就沒有植物學者……環評委員的組成是值得拿出來討論的，它並沒有依照環評法開宗明義所要評估的範疇審慎去分配好專家比例，以至於我們必須靠每次專案小組組成稍微彌補一下落差，但這彌補還是只彌補環境科學的專家。[86]

　　另一位受訪者則提醒，環境保護的目標應該是開放的，尤其環境爭議的釐清，往往不是倚賴更多科學事實的產出，而是需要正視價值選擇的問題。但價值選擇問題，並非如環保署所聲稱的，「只能由決策者依據價值與利益的判斷來做選擇」，[87]而應透過增進公共參與決策的技術，促進公民對於公共利益的對話而產生。畢竟，標準設定與科學研究應是為共同的目標而服務。他以霄裡溪的污染爭議為例：

　　到底（要採用）放流水標準還是農業灌溉水標準？在美國參與過社區民眾的環境議題，他們不會把自己綁死在法規標準裡，（如果）我們社區要的是霄裡溪這

[85] 焦點座談記錄，專家G，2011/01/12。
[86] 焦點座談記錄，專家G，2011/01/12。
[87] 環保署綜計處，2011/4/19，〈環境決策需要建基於科學與事實的基礎上〉，環保新聞專區。取自http://ivy5.epa.gov.tw/enews/fact_Newsdetail.asp?InputTime=1000419124454

條河川的健康與生態，是我們共同的目標，那所有標準和努力就朝這方向……再回
到源頭（針對）放流水標準去加嚴或限縮[88]

　　認知到聚焦對話與開放多元知識、價值交流的重要，行政機關應進一步
思考的是，我們有哪些行政程序或機制設計，可以促進不同意見的交流對話，
聚焦於釐清價值歧見？這需要對公民參與制度設計，有深厚的想像、訓練、實
作與學習。本書最後的章節，將討論曾在台灣推動過的實例，說明創造相關機
制與制度配套的可行性。筆者必須指出，台灣缺乏一個開放良善的風險治理典
範，非不行也，而是不為也！尤其當環評的行政幕僚單位，對於公民參與制度
的設計只具備形式主義的認識，例如，力推「世界咖啡館」與「專家會議」模
式，一體適用的置入各種環境議題的討論（環保署，2014），卻從不深究不同
審議機制運用的細緻度與開放度對政策過程的影響。一位專家質疑環保署把專
家會議當成公民參與，

　　公民參與時間點落在哪哩？他的本體論、知識論和方法論到底是什麼？我們
現在的公民參與機制是真的嗎？很多人說環評也是一種公民參與啊，專家會議也是
一種公民參與啊，口號都喊出來了，但它是嗎？[89]

　　有專家即注意到，會議中主持人的角色對於意見的收攏、整理很重要，但
主持人風格態度不一，承辦幕僚的會議紀錄也不太清楚，這樣的會議品質，自
然無法進行好的知識生產與科學評斷。

　　不是每個人都很會主持會議……有人字斟句酌審慎整合，有人散散的主持開
開玩玩，最後麻煩綜計處的承辦人員幫忙做結論，主席的態度審慎或輕鬆面對風格
不同，結論就有差異……理論上主持人應該要有專業，幕僚也應該要有專業。但

---

[88]　焦點座談記錄，專家CI，2011/01/12。
[89]　焦點座談記錄，專家Z，2011/01/12。

你去看區域計畫委員會和環評會做出來的會議紀錄差很多，區委會很詳細……環評會都是很精簡，幾句話彷彿很專業很精煉，但很多問題沒有交代清楚，很多該講的實質問題沒有反應在結論裡面……環評會需要有一個好的幕僚協助整理，而不是憑主席的主客觀因素下的結論就當成結論，這會議結論的品質是需要更多資源的……[90]。

上述說法也凸顯了目前的環保行政機關，或因資源（人力、經費）配置不足，或對設計良好品質的會議元素缺乏認識、或因缺乏統整資訊、風險溝通的專業與訓練，而無法更為創新地設置一個讓多元知識流通與討論聚焦的場域，使多數環評審查會議備受政治操縱、缺乏科學專業的質疑。

第五節　小結

我們從專家會議的知識建構過程，以及其鑲嵌於環評過程中的制度定位檢視，發現專家會議作為補強現行環評審查的一種機制，在釐清爭點、確認事實與強化公民參與等環保署所設定的功能上，效果相當有限。我們也發現，專家在去脈絡化（在地產業、生態、社會的整合性運作）的認識與缺乏長期系統性的資料基礎上，難以生產出瞭解與解決當地環境風險問題的實用知識。但此成效不彰的結果並不令人意外，因為這樣的機制設計，並未縝密思考環評判準需知識生產的能力建置，也忽略科學事實的建構無法自外於社會價值的影響，卻欲在一個充滿爭議的社會脈絡下創造一個超然中立客觀的結論，把充滿政治角力的環境決策包裝成專業決定，除了無助於解決爭議，更加深外界對公部門披著科學糖衣遂行行政操作之實，摒除公民參與的質疑。

誠如周桂田（2005a）注意到，國家技術官僚對科技風險認知與態度，影響政策重大走向，也影響社會公眾對風險評估結果的信任。環保署將專家會議定位為一種公民參與的形式，但此機制強調數據指標，並藉由評估技術的門檻

90　焦點座談記錄，專家G，2011/01/12。

排除非科學專業者參與知識建構，忽視多元價值與在地知識經驗的進場辯證，促進審議過程的開放度與細緻度相當有限。對政策知識建構過程的政治性視而不見，反而無助於解決爭議的建設性政策知識產出。

當國家技術官僚在程序進行與結論收攏過程中扮演關鍵性角色，狹隘的專家適格界定，以及侷限於技術工程面的議程討論，將複雜且利害關係廣泛的風險課題簡化為數據憑證的工程科技問題，反而使專家會議的操作平添公眾疑慮，連帶毀損對專家科學能力的信任，而使爭議越演越烈。

本章進一步指出，現行專家會議機制缺乏資源（人力、經費）支援配置、或對設計良好品質的會議元素缺乏認識、或缺乏統整資訊的努力以及風險溝通的專業與訓練，這樣操作結果即使有環保署宣稱的成功案例（如永揚案），[91]但排除掉環保團體與在地農民十年的堅持與自行研究整合相關資料，個案沒有國家計畫的支持，專家會議主席的態度，以及檢察官之司法調查等因素，專家會議本身的設計並無法保證環境知識的積極生產與提供良好的科學評斷，只能依據個案的政治狀況，與不同參與者的資源運作，而產生良莠不齊的結果，如本章第2節所指出中科三期與國光石化呈現專家會議結論之差異。

但案例結果的差異亦提醒我們，專家效能的發揮，在於協助引介各種聲音和論述共同加入環境評估的討論，從而創造一個啟動知識追求，避免特定專業壟斷的風險決策場域。如此一來，專家效能才有機會從狹隘限縮的專業表述層次，進化為專家與公眾集體互動學習和評估的過程，而這樣的公共過程，科學專家不僅可以突破本身背景與視野的侷限，建構更詳盡的知識論述，協助知識的深化與創新，也能提升社會對專家專業的信任，跳脫與公民對立的尷尬位置。

---

[91] 環保署表示，此案是專家會議機制使環保爭議回歸理性與科學，而得以圓滿落幕。可參見，環保署，2011/04/30，〈環保署譴責暴力強調理性──專家會議客觀求證促成臺南永揚環評爭議順利落幕〉，環保新聞專區。取自http://ivy5.epa.gov.tw/enews/fact_Newsdetail.asp?inputtime=1000430183518&strFontSize=18

第一節　管制科學的政治質問

在公共行政領域中，環境相關管制政策係屬社會管制面向之一（張其祿，2007）。傳統的環境行政，檢視經濟行為所造成的環境污染問題，將維護自然環境、人體健康等議題，視為公共利益的範疇。而被賦予公權力的國家，透過管制政策與手段，來維護此重大之公共利益。因此，管制政策的核心，隱含著政府干預市場的正當性，可運用其合法性權威，對經濟行為產生的負面外部性進行管制與干預。而管制法規體系多樣化，除了傳統上公法的強制規範手段，亦有運用經濟誘因措施來體現使用者付費的概念（李建良，1998）。

環境管制政策針對污染規範，主要討論經濟成本的轉嫁，也就是政府透過約束生產者將環境成本外部化的行為，發展出如管制裁罰、污染稅、可交易排放額度、垃圾收費等多種環境政策工具，以維護環境與國民健康生存權利（Dye, 2004）。不過，誠如本書在第三章分析台灣地方環境監督與治理困境所指出，更多環境管制規範的建立，並不必然是解決環境問題的保證，如何落實執行稽核等相關問題，也還牽扯到相關權責機構間密切的連結合作，以及管制者與被管制者間在政策法律角力等多重問題。事實上，企業的外部成本轉嫁到鄰近社區等管制失靈現象時有所聞。就以2014年8月1日在高雄的丙烯管線所引起的石化氣爆為例，這個逾三百人傷亡的重大災難，才揭露了地下石化管線無人管理之情事。[1]因此，管制失靈問題，可謂是公共行政領域重要之研究課題。

---

[1] 林孟汝，2014/08/04，〈高雄氣爆／管線沒人管 杜紫軍提9字真言〉，中央社。取自 http://udn.com/NEWS/BREAKINGNEWS/BREAKINGNEWS1/8849521.shtml

　　當代管制政策的訂定，從規劃到執行，乃至標準設定，皆需要有一定的事實證據做為決策判斷的基礎。因此，管制標準的設置、管制客體的事實、與資訊的生產等，多仰賴標準化的科學步驟與方法進行測量與評估。而此類為公共管制目的的科學知識生產，謂之管制科學（regulatory science）。Jasanoff（1990）在其著作《第五部門》（The Fifth Brach）中區辨了研究科學（research science）與管制科學（regulatory science）的差異。前者即是一般所認知的實驗室科學；後者則是在管制政策中所使用的科學。不同於研究科學，管制科學作為生產與政策制訂相關的技術或工具，屬於應用型的科學。作為管制行政的輔助，管制科學需要提供包括評估、篩選、分析等工作服務，因此更看重透過既有知識建構管制工具的知識合成（knowledge synthesis），而有別於研究科學所重視的「由同儕審查其真實性、原創性與重要性」的公開發表論文。此外，管制科學也需要向管制行政的決策者提供預測（prediction），以協助決策者評估相關風險。

　　管制科學與管制行政高度結合，也因此，管制科學深受行政程序特質的影響，其中最主要兩個影響因素為「時間壓力」與「評價標準」。管制行政常面對著迫切行動的時間壓力，進而使作為應用工具的管制科學，也要因應管制需求而儘快拿出研究結果。不同於研究科學可以較不受時間限制的驗證與證明假設，管制科學必須在許多資訊未知的情況下做出決策。但這也使得行政機關做出錯誤決策的可能性被放大，同時容易受到「能力不足」的指責。其次，在資訊未能完全明確下進行管制行政的裁量，使得管制科學的評價標準也不同於研究科學。研究科學常處於已建構好的科學典範規則中，科學家對於什麼是好的科學研究，較有公認的標準；管制科學則常處於現存知識的邊緣地帶，在此領域中科學與政策很難區分，加上地域脈絡性的特質歧異，科學有效性在政策運用上的判斷常處於易變而有爭議的狀態。

　　不過，傳統公共政策模型似乎仍視科學知識是提供環境評估決策中最重要（有時還可能是唯一）的基礎。尤其環境議題具高度的科技關聯性，行政官僚體系因此需要延攬各領域的專家學者進入決策體系，仰賴其特有的專門知識，

協助國家與地方施政與決策（黃源銘，2010）。其次，行政官僚體系也大量擴充專業化的技術官僚，希望運用客觀的科學理性釐清事實，排除主觀的社會價值以及政治干預的可能（周桂田，2009）。而美國運用技術官僚作為公共治理的模式，也使管制性政策產生劇烈改變，逐漸走向專家政治（Ficher, 2000; 2009）。

　　無可諱言地，如同我們第一章討論專家政治所指出，結合複雜科學技術特性的環境行政治理，為了政策效益考量，其高度科學化的門檻特性，使政府將部分決策權力讓渡專家，一般公民則顯得使不上力，進而形成專家壟斷現象，強化了科學專家的政治權威，也無形中排擠了公民參與政策制定的過程（Frickel and Moore, 2006；Bickerstaff et al., 2010）。科學專家具有改變政治與社會性運作的強制性權威存在（Salter, 1988），其所組成的專業委員會，隱然成為行政決策中的第五部門（Jasonoff, 1999）。尤其環境爭議多複雜難解，評斷人類各種生產活動的標準亦與時俱進，為避免決策上的困難，有時行政機關也樂於將決策責任轉嫁給專家，藉以迴避隨著決策而來的課責問題（Peilke, 2007）。

　　雖然技術官僚與科技專家都強調運用客觀、中立、理性的科學專業知識，是協助釐清、解決環境問題最重要的憑證，不過，將環境問題化約為科學問題，並期盼透過更多的科學辯證，減低政治干預，並減少環境衝突，卻不一定能如人所願。正如前文提到的管制科學特性，科學專家們需要在時間壓力下，處理充滿爭議的問題界定，而資訊不足、以及跨領域專家之間所存在的不同理解框架等問題，使這個知識生產過程，並不如傳統決策模型對科學所期待的中立、客觀與可靠。

　　我們從前幾章的分析亦可看出，聲稱客觀中立的科學，並無法有效遏阻環境惡化的事實，或化解環境相關爭議。這也同時呼應了本書在導論中所直陳，鑲嵌於複雜政策制度下的科學，很難避免來自政治的影響，而科學的研究方向、科學知識的生產以及科學方法的運用等本質都蘊含政治性，受到社會脈絡的主導與影響，無法如同其所宣稱之超然中立。

　　科學隱微的政治性問題，進一步提醒我們，分析與瞭解複雜的環境課題，需要注意到不同知識面向的形構方式。Ascher et al.（2010）探討環境決策知識的形成，即指出雖然傳統環境決策最重視科學專業提供的資訊，但運用科學方法得到的知識——即正式性科學（formal science），只是環境知識領域的一部分。其他如奠基於行為、承諾、牽涉到當地特殊脈絡性的在地知識（local knowledge），以及公共的偏好（public preference）等，都屬於環境知識中重要的一環。這其中包含了誰願意支持或反對一項政策的相關資訊，以及他們願意花費多少精力參與決策過程。這些知識型態不同於正式科學，但有助於決策的制定。例如，在地居民熟悉當地的生活環境，瞭解地方文化脈絡，可以提供特定事務的環境生態知識，填補環境決策過程科學知識的侷限性（Fischer, 2000; Pollock and Whitelaw, 2005；杜文苓，2010；范玫芳，2008）；而公共偏好不僅只是單純的立場表達，更是公民藉由理解、進而傳播知識、表達政治行為與政治理念的一種方式。這對公共管理者而言，不僅具有政治壓力，也容易引起政治風險，因此更具改變政策議程的影響力（Ascher et al., 2010: 164）。

　　政策制度內不同的知識類型會影響決策的變動，不同的知識生產者亦可能影響決策走向。科學知識、在地知識或公共偏好等，在環境決策過程中有不一樣的呈現方式，也有著不同的知識生產、傳遞與運用的權力關係，而銘刻著知識政治的印記（Frickel and Moore, 2006）。不同的評估途徑更代表不同學科的操作規範與科學範疇界定，背後隱含著不同學術社群領域的區分，藉由劃界工作（boundary work），定義哪些專業應被接納或被排除，以維持所屬學術社群的權威性、而有利於相關研究資源的爭取（Jasanoff, 1990）。

　　在上述對管制科學提出政治質問的脈絡下，本章將延續第三章有關六輕環境監督與治理課題的討論，把焦點放在管制科學的建構與運用之政治課題，討論石化工業區的揮發性有機物（VOCs）排放爭議。六輕VOCs的排放爭議，正好顯示中央政府、地方政府、廠商、顧問公司與民間團體，在污染數據資料生產、運用與詮釋的爭戰。透過VOCs爭議個案的釐清，我們嘗試分析公共決策者如何依循管制制度所生產出的監測資訊與數字，進行決策的綜合判斷；在面

對多樣化的環境資訊，公共決策者又如何進行行政專業的判準？藉著重新形構與此議題相關的「知識」圖像，瞭解在客觀、專業的科學加持之下，何以行政官僚體系仍舊無法釐清真實的污染情境，也無法建立有效的管制對策。耙梳環境爭議的本質性問題，將引領我們進一步思索解決之道。

第二節　六輕VOCs排放爭議始末

　　我們在第三章提到，六輕二十多年來的建廠、營運、擴廠，已產生許多環境與工安爭議。其中，有關空氣污染物的議題，最早的環評結論規定六輕建廠後，其空氣污染的排放量必須要符合總量管制原則，至於各個空氣污染物的項目，則要依空氣污染防制法的排放標準規定辦理。[2]然而，相關空氣污染總量管制辦法彼時都還付諸缺如，直至2000年，經濟部工業局才制訂「雲林離島式基礎工業區空氣污染總量管制規劃」，交由環保署審查後公告；[3]其他更為細節的空氣監測項目，則是在1997年設置空氣品質監測站進行一些監測與管理作業才開始。

　　而本章鎖定的VOCs排放爭議問題，在經濟部「雲林離島式基礎工業區空氣污染總量管制規劃」下，規定六輕一年排放的上限為5400噸。[4]不過，環保署則基於六輕一期的環評承諾規範，將VOCs總排放量訂為一年4,302噸，這個4,302的數字在後續六輕二、三、四期的擴廠審查中皆無變動。換言之，從建廠至今，在VOCs的空氣污染議題上，台塑六輕依照環評法的總量管制核定量為一年4,302噸。

2　行政院環保署，1992/05/29，「籌建烯烴廠暨相關工業計畫環評承諾事項」，載於〈六輕四期擴建計畫環境影響調查報告書〉。取自http://eiareport.epa.gov.tw/EIAWEB/Main3.aspx?func=10&hcode=0980827A&address=&radius

3　行政院環保署，1993/06/02，「離島式基礎工業區石化工業綜合區第二期開發計畫環評承諾事項」，載於〈六輕四期擴建計畫環境影響調查報告書〉。取自http://eiareport.epa.gov.tw/EIAWEB/Main3.aspx?func=10&hcode=0980827A&address=&radius=

4　經濟部工業局，2004，〈雲林離島式基礎工業區空氣污染總量管制規劃〉。取自：http://www.moeaidb.gov.tw/iphw/yloip/index.do?id=05

　　令人有點困惑的是，六輕的營運規模從建廠至今，已成爲世界數一數二的龐大石化廠區，其設備與營運規模早已與初建時期不可同日而語，但每一次政府監測或相關審查報告中，其VOCs總量卻始終低於或略高於最初環評規範的4302噸。民間團體因而提出相關質疑，專業審查會議中的一些委員也認爲不符合科學常理邏輯推論，[5]因而引發管制爭議。

　　一些民間團體長期關注此議題，針對VOCs管制的一些模糊性提出質疑，其中一位受訪者表示：

　　這邊是特別這幾年96、97、98，它的設備元件從160萬的到現在200萬個，結果它的設備元件排放量幾乎都不變，那這個就有一個問題。……但是空污法是事後管制對不對？事後管制在做管制的時候當然要明確證據，那環評法他講的是事先的預防，他評估的是風險的這東西，風險就不是一個確定的數字，那爲什麼他要用空污法的概念來處理環評要解決的問題？……有關總量管制的另外一個問題，就是4.7期衍生出來的，那五項是不是可以排除？總量管制有沒有規範什麼可以管、什麼不可以管？[6]

　　受訪者H點出了VOCs總量管制爭議背後，究竟是依事後管制或事前評估，以及總量管制項目規範問題。以下，我們運用圖表說明主要爭點，[7]再逐一描述爭點下的數據資料詮釋問題。圖5-1爲記載著各式儲槽與設備元件等相關污染物排放口的個數統計數量圖；表5-1則是民國90年至98年間各項空氣污染物排放量。這兩張圖表顯示，六輕相關設備元件與各式儲槽個數迄今已增加至兩百萬左右上下。然而，關於VOCs的排放量卻始終維持在一定的排放量，似乎不符合常理，說明了民間團體提出的疑慮所在。

5　行政院環保署，2006/11/29，〈「六輕四期擴建計畫環境影響評估審查結論」—空氣污染物排放總量查核驗證專案會議〉。取自http://atttp.epa.gov.tw/EIS/query.asp?Page=1&DocDesc=%E5%85%AD%E8%BC%95&PosYear=&PosMonth=&Mode=query
6　訪談民間專家委員H，2013/08/23。
7　此兩張圖表由環球科技大學張子見老師所提供，特此感謝。

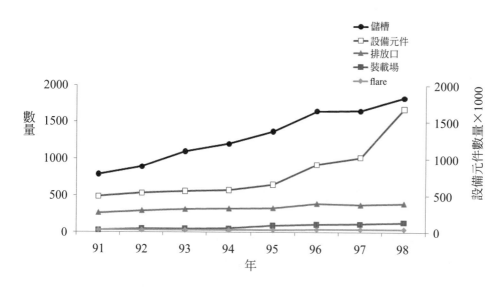

圖5-1　相關污染物排放口的個數統計數量圖（單位為千）

表5-1　民國90年至98年的各項空氣污染物排放量

年度	TSP（噸／年）	SOx（噸／年）	NOx（噸／年）	VOCs（噸／年）
核定量	3,340	16,000	19,622	4,302
90	744(22%)	2,868(18%)	10,557(54%)	2,294(53%)
91	642(19%)	2,880(18%)	9,258(47%)	2,340(54%)
92	967(29%)	3,592(22%)	11,560(59%)	2,522(59%)
93	1,209(36%)	3,331(21%)	12,535(64%)	2,230(52%)
94	1,516(45%)	4,891(31%)	13,335(68%)	2,506(58%)
95	1,515(45%)	5,041(32%)	13,344(68%)	2,686(62%)
96	1,519(45%)	5,951(37%)	15,260(78%)	2,965(69%)
97	1,417(43%)	6,089(39%)	14,565(74%)	2,810(65%)
98	1,415(42%)	6,217(39%)	14,887(76%)	2,595(60%)

資料來源：離島工業區空氣污染總量查核及管制計畫（90～98年度），雲林縣環保局

　　根據我們所蒐集的次級資料與相關科學審查報告顯示，引起推估VOCs排放量的數字質疑有兩個主要爭議點：科學係數的計算方式，以及納入主要逸散源的範圍程度。VOCs排放量計算主要奠基於科學係數的推估，而不同法規訂定的係數有異，使排放量的計算結果有所不同；後者係指納入VOCs排放量計算範圍的項目多寡。

一、VOCs的係數引用與數字推估爭議

　　VOCs本身因為具有揮發的特性，因此，不論是在預測式的環境評估制度，或在實體的管制制度，要精準計算皆有難度。尤其在管制的可行性與行政成本考量下，難以逐一量測每個可能逸散VOCs的設備原件。若要推估設備元件類別VOCs排放量，則需藉由統計抽樣的方法，抽選5%以上的設備原件進行推估。上述原因皆使VOCs排放量計算難以精準確定，導致真實排放量的推估迭有爭議。

　　目前我國對於VOCs量的計算推估，主要奠基在A×B=C的公式。

　　A是活動強度（運作時間）；B是排放強度（係數）；C是排放量。其中，每一個設備元件有不同的操作時數，不同類別也有不同的係數規格，將每個類別的設備元件操作時數乘上排放強度，再予以加總，即是VOCs總排放量。不過，看似簡單的數學公式，運用在現實中卻仍存在許多問題。以六輕為例，其廠區運轉規模早遠超過初建規劃的評估，整個廠區已增列超過100萬個，甚至多達兩百萬個設備元件，且多年運作下來，亦有諸多設備元件早已老化腐蝕的問題，眾多的個數加上廠區內設備新舊不一，設備元件逸散VOCs排放量的推估係數要如何訂定成為一大問題。

　　不過，由於台塑六輕擴廠計畫持續進行，VOCs排放係數計算的標準與結果差異，成為可否通過環評承諾核定量標準的重要指標。而六輕近年來不斷藉由環境影響差異分析的方式來擴展四期計畫，其中運用自廠查核計畫的「六輕

四期係數」，進行擴建後排放總量的推估，引發外界高度質疑。

回顧六輕四期擴廠審查評估，開發單位起初於2002年至2004年執行「麥寮廠區主要設備元件有機逸散污染源（VOCs）調查研究及查核計畫」，後續並運用在六輕四期的擴建環境說明書上，用以建置推估六輕四期擴廠之後的排放量。2003年六輕提出的擴廠「環境影響說明書」中，即運用了六輕四期的擴廠係數推估出VOCs排放量，不過，遭到了雲林縣環保局的質疑，認為設備元件的係數推估與環保署空保處公告相差甚遠，提議送環保署空保處以及環評委員備查。[8]中央環保署亦要求開發單位將其「麥寮廠區主要設備元件有機逸散污染源（VOCs）調查研究及查核計畫」提交給空保處備查，以確保其正確性與代表性。[9]這個台塑六輕本身查核計畫所訂定的「六輕四期係數」，與環保署空保處訂定規範下的係數有多少差異，基於次級資料的受限，我們無法清楚地掌握。不過，就結果而論，六輕四期係數隨著2006年底環評審查議程的終結，取得通過的法律效力。

然而，六輕四期係數的估算問題，後續在實體管制階段持續發酵。關於VOCs實質排放量的監測問題，除了涉及環境品質維護，更涉及到地方管制稽查的成效、空污費的計算基準以及民間對於政府體制的信任感。沒有正確的排放量數據，地方政府難以比照法規辦理管制處分，空氣污染費率的計算基準也不穩定；相關之健康風險評估計算，因為沒有確切的暴露值，以致無法估算當地風險指數與機率；差異不小的健康風險評估計算，高估或低估的風險值、罹癌率等，使六輕帶來的健康風險問題眾說紛紜，引起社會的爭議與不安。2012年10月17日的環評大會，民間團體出具雲林縣政府公文，指出六輕VOCs

---

[8]　行政院環保署，2004，〈六輕四期擴建計畫環境影響說明書〉。取自http://eiareport.epa.gov.tw/EIAWEB/Main3.aspx?func=11&hcode=0920441A&address=&radius= 行政院環保署，2005/06/29，〈六輕四期擴建計畫變更環境影響差異分析報告第1次審查會會議紀錄〉。取自http://eiareport.epa.gov.tw/EIAWEB/Main3.aspx?func=11&hcode=0950953A&address=&radius=

[9]　行政院環保署，2005/12/01，〈六輕四期擴建計畫變更環境影響差異分析報告第3次審查會會議紀錄〉。取自：http://eiareport.epa.gov.tw/EIAWEB/Main3.aspx?func=11&hcode=0950953A&address=&radius=

每年排放已超過核可量的4302噸，甚至可能超過2萬噸，要求環保署退回六輕擴廠環差案，引發環保署發出「嚴厲譴責」雲林縣政府公然捏造數據、竄改事實並推卸責任之新聞稿。[10]數日後，雲林縣政府則登廣告強硬回應環保署的指控。[11]這起中央與地方間在VOCs數值上的角力持續發酵，更引發後續環保署狀告雲林縣政府的訴訟爭議，並導致地方官員去職。

我們檢視檯面上六輕VOCs的係數爭議，主要有來自不同法規與不同單位所提供的3種係數：分別為：六輕三期排放係數、[12]六輕四期排放係數、[13]法規排放係數。[14]其中，係數因為法規的不同，可以進一步區分出不一樣的法規係數。此三種類別係數下所計算出來的排放量差異也很大：三期係數所推估的排放量為3,337公噸、四期係數所推估的排放量為1,046公噸、法規係數其中之一所推估的排放量則是19,799公噸。[15]而根據監察院2013年調查報告指出，在2012年3月至6月之際曾舉辦4次審查評估會議，中央環保署、雲林縣政府以及相關專家委員進行VOCs實際排放量爭議之討論，發現環保署、雲林縣環保局以及開發單位各自呈現的排放量數據以及計算方式皆不一致。雲林縣環保局依照環保署公告的法規係數，所計算出來的為19,799噸。不過，環保署旗下的空氣污染排放查詢系統資料庫（TEDS）當中，統計得出的石化煉製業污染排放

10　環保署，2012/10/24，〈環保署嚴厲譴責雲林縣政府出具公函刻意誤導民間團體企圖推卸責任〉，環保新聞專區。取自http://ivy5.epa.gov.tw/enews/fact_Newsdetail.asp?InputTime=1011024172159

11　可參見朱淑娟，〈環保署 雲林縣花人民納稅錢買廣告互嗆 給人民最壞觀感〉，環境報導。取自http://shuchuan7.blogspot.tw/2012/11/blog-post.html。雲林縣政府，2012/10/26，〈針對10月24日環保署新聞稿說明〉。取自http://ivy5.epa.gov.tw/enews/pic.asp?ID=1011026045

12　六輕三期的係數是運用層次因子法，也就是參考固定污染排放量申報作業指引暨排放量計算手冊建置。

13　四期環評建置之自廠係數來自於台塑六輕本身自行執行的「麥寮廠區主要設備元件有機逸散污染源（VOCs）調查研究及查核計畫」。

14　雲林縣環保局，2009/06/08，〈97年度加強離島工業區空氣污染物整合執行計畫〉。取自http://epq.epa.gov.tw/project/FileDownload.aspx?fid=31 此外，〈環境報導〉記者朱淑娟亦用圖文說明，簡單明瞭的呈現三種係數計算所得之VOCs數字的差異性。相關網址請見http://shuchuan7.blogspot.tw/2013/05/vocs.html

15　行政院環保署，2010/10/27，「六輕計畫VOC排放量分析及減量回收成效」，載於〈六輕總體評鑑研討會議手冊〉。取自http://www.epa.gov.tw/ch/DocList.aspx?unit=8&clsone=552&clstwo=736&clsthree=1196&busin=336&path=14327

物9,773噸,這個統計方式與雲林縣地方環保局所運用的清查核算的方式並不相同。雲林縣環保局自行呈報的100年度監測排放量數據為4,186公噸、100年度空污費的排放量卻為2,181公噸。對此,雲林縣環保局再請顧問公司查核,重新納入環保署公告修正的揮發性有機物排放標準計算方式,算出排放量為3,739噸;而六輕的自主申報排放量則是2,339公噸。監察院據此認定雲林縣環保局提供數據有誤,進而提出糾正案。[16]

不過,上述五花八門的VOCs估算數字,究竟哪一個數字才能呈現實際運作的狀態與排放現況,難以令人驟下定論。為了要解決VOCs真實排放量的爭議,六輕監督委員會中,專家討論具科學代表性的設備元件估算方法論,重新調查營運廠區內設備元件排放係數的估算方式與抽樣代表性的問題,要求企業進行科學檢驗的作業程序,才能建置相關排放係數。而行政院環保署於2007年開徵空污費VOCs排放類別,公告了自廠係數建置要點。[17]並為因應每家工廠不同的製程,環保署另外公告自廠排放係數建置指引,以讓每家工廠能夠彈性運用排放係數。根據環保署公告之VOC自廠排放係數建置指引相關法規,係數的建立需要進行圍封檢測法5%以上的設備元件才具有代表性,並提交給環保署核可。

從此,關於係數、抽樣方法的建置似乎有了法律條文辦法的依循,可讓開發單位於2008年執行「六輕四期擴建計畫揮發性有機物自廠排放係數建置計畫暨洩漏管制因應對策」的計畫時,有再次釐清設備元件的排放係數問題。[18]不過,如前所述,兩百多萬個設備元件中要抽樣出具代表性的百分之五,仍舊數量驚人而難以逐一檢測,政府如何保證企業提出合理的係數也有待考驗。一位地方官員即指出,能運用在設備元件的檢測,一年大約只有五百萬元。他進

---

[16] 監察院,2013/01/15,〈糾正案調查報告〉。取自http://www.cy.gov.tw/sp.asp?xdUrl=./di/edoc/eDocForm_Read.asp&ctNode=911&AP_Code=eDoc&Func_Code=t02&case_id=102000020
[17] 其為法規作業要點,詳細名稱為:「固定污染源揮發性有機物自廠係數(含控制效率)建置作業要點」。
[18] 行政院環保署,2008/09/12,〈六輕四期擴建計畫第四次環境影響差異分析報告專案小組第2次審查會議紀錄〉。取自http://eiareport.epa.gov.tw/EIAWEB/Main3.aspx?func=11&hcode=0971003A&address=&radius=

一步說明，六輕總廠區有387根煙囪外加45根廢氣燃燒塔，加上1950座儲槽，有超過200萬顆設備元件，要做完整、定期的檢查，根本是不可能的任務，只能進行部分抽查。[19]因此，在有限的資源下，應用這個排放標準的科學檢測方式，對於六輕排放量的實際掌握仍有相當程度的落差。

爾後，六輕自行提出抽樣方法，由環保署督導與協助環保局舉辦專家會議來探討係數的正確性與代表性，然而多次專家會議後仍沒有產出係數的共識。專家會議最後決議，建議由一個廠先行試辦，以確定開發單位所提出方法的適用性，後續再送環保署審查。直至2014年底，六輕四期的排放係數爭議仍懸而未決。

二、VOCs的範疇計算爭議

有關六輕VOCs排放量的第二個爭點，是指應該納入哪些設備元件個數、各種儲槽、燃燒塔或是其他主要逸散源等範圍來計算總量，以及這個總量計算是否超出2000年雲林離島式基礎工業區空氣污染管制總量4,302噸的規劃。六輕四期擴建計畫環境影響說明書的審查結論中，VOCs排放量計算範圍僅指出7項製程。[20]但於六輕4.7期擴廠時，環評會議中重新討論計算範圍，除了驗證開發單位是否確實執行空氣污染減量計畫外，也嘗試釐清實際的VOCs排放量，以重新檢討過去環評總量排放上限的妥適性。[21]民間團體則強調，為了符合開

---

[19] 訪談地方官員H2，2012/06/01。

[20] 7項製程包含：排放管道、燃燒塔、船舶發電、設備元件、廢水廠、揮發性有機液體裝載操作，以及揮發性有機液體儲槽。行政院環保署，2004，〈六輕四期擴建計畫環境影響說明書〉。取自http://eiareport.epa.gov.tw/EIAWEB/Main3.aspx?func=11&hcode=0920441A&address=&radius=

[21] 行政院環保署，2005/12/01，〈六輕四期擴建計畫變更環境影響差異分析報告第3次審查會議紀錄〉。取自http://eiareport.epa.gov.tw/EIAWEB/Main3.aspx?func=11&hcode=0950953A&address=&radius=行政院環保署，2006/11/29，〈「六輕四期擴建計畫環境影響評估審查結論」－空氣污染物排放總量查核驗證專案會議紀錄〉。行政院環保署，2007/05/09，〈六輕相關計畫製程排放空氣污染物查核作業會議紀錄〉。皆取自http://atftp.epa.gov.tw/EIS/query.asp?Page=1&DocDesc=%E5%85%AD%E8%BC%95&PosYear=&PosMonth=&Mode=query

發所在地的環境承載能力以及保障人體健康，六輕VOCs的總量計算應納入5項非製程[22]排放，才較能掌握污染現況。而具實體管制目的的空污法，其所列管的VOCs排放，也包括上述五個非製程項目。

2012年7月25日，環保署通過的六輕4.7期擴廠環評結論，決議了「五項非經常性排放源納入六輕總量管制」的附款條件。然而，台塑不服此項條件而提起訴願，最後行政院訴院會以程序瑕疵為由撤銷此一附款條件。[23]儘管，雲林縣居民再次提起行政訴訟來要求撤銷其訴願決定，並於2014年2月獲得訴訟成功的結果。[24]但台塑企業運用行政訴願手段來撤銷此具有負擔的環評承諾，最後並獲得擴廠許可的行政處分。而有關VOCs的總量管制，究竟該適用空污法列管項目還是依循環評法的審查結論，歧見仍未弭平。

不過，由於六輕2011年以降工安事件頻傳，擴廠環評卻仍持續進行，民間團體在六輕相關健康風險評估報告會議，與擴廠環評會議，都不斷對於六輕提供各項資料的正確性，包括關鍵的VOCs數字與計算方式提出質疑。[25]2013年9月，環保署首次以空拍查出六輕廠區內有3129座儲槽，比台塑自行提報數量多出一千兩百多座，台塑則回應儲存石化原料的儲槽只有一千八百七十五座，其餘為存放廢水之用。[26]在民間團體持續不懈的監督下，2014年6月，環保署審

---

[22] 5項非製程包含：燃燒塔排放、設備元件的油漆揮發、相關儲槽清洗作業、冷卻水塔，以及歲修作業裝置。

[23] 訴願委員撤銷4.7期「五項非經常性排放源納入六輕總量管制」的附款主要理由有二，第一是若將「五項非製程性排放源」納入VOC（揮發性有機化合物）排放量，應制定相關執行規範，供廠商遵循，且應一體適用全國同業，不應針對特定業者；第二是質疑主管機關是否已有相關計算係數及查核方式。行政院，2012/12/05，〈院臺訴字第1010152260號訴願決定書〉。取自http://www.ey.gov.tw/Hope_decision_Content.aspx?n=05F2FA41ECF3F9EE&s=0BAB5B4AE8D8D8E3

[24] 吳柏軒、張慧雯、邱燕玲，2014/02/15，〈台塑訴願輸了 六輕擴廠再度生變〉，自由時報。取自http://news.ltn.com.tw/news/focus/paper/754485

[25] 舉例而言，2013年2月原本環保署舉辦「100年六輕特定有害空氣污染物所致健康風險評估報告」，討論「六輕造成的健康風險後續如何管理」，但台灣水資源保育聯盟發言人陳椒華一到場就挑戰六輕揮發性有機物（VOCs）計算方式有誤，導致低估污染排放量，並就燃燒塔的數字與排放量激烈爭辯。朱淑娟，2013/02/22，〈六輕燃燒塔VOCs究竟排多少 另開會議確認〉，環境報導。取自http://shuchuan7.blogspot.tw/2013/02/blog-post_23.html

[26] 張勵德、姚惠珍，2013/09/11，〈六輕藏3千儲槽 空拍揪台塑短報〉，蘋果日報。取自http://www.appledaily.com.tw/appledaily/article/headline/20130911/35286190/

查六輕VOCs洩漏管制，會中界定「六輕廠區內與VOCs洩漏有關的設備有廢氣燃燒塔44座、內容物為揮發性有機體的儲槽2,043座、裝載操作設施則含188種揮發有機物、收受石化製程廢水的廢水處理廠7座、91單元、與石化製程中的61座冷卻水管，共分為五大項。」當次會議結論要求「六輕詳細整理自主管理計畫、檢測確實執行，尤其儲槽需從每季一次改為每月一次、提出設備元件管制改善的規劃、詳細說明監測管理計畫等」。[27]

六輕VOCs應計算範疇到此似乎總算確立。不過，2014年8月高雄氣爆事件引發社會對於石化業安全的關注，在當月環評大會中，台塑主動表示將撤回六輕五期案，以換取環保署繼續審查4.8與4.9的擴廠環差變更案。會中民間團體再就六輕VOCs排放量已超過環評許可的4302噸，且提出「六輕4.6期以不合理的高估儲槽VOCs量作為減量依據，4.8期以不合理的南亞二異氰酸甲苯廠VOC減量每年達130噸作為擴產依據，4.9期以沒有環評核定量的台塑SAP廠（高吸水性樹脂廠）每年減量VOCs達6噸作為擴廠依據」，[28]顯示六輕竟將早已沒有運作生產工廠的排放量作為新設污染之抵換來源，環評大會因而認為不符合加1減1.2的「實質減量」環差審查意義。這些爭議也顯示台塑VOCs減量增量間的問題仍未釐清。最後環評大會決議，4.8及4.9期續審前，必須先就這兩環差案變更所牽涉的空氣污染物「環評審查核可量」及「101年7月許可量」予以釐清，且要確認沒有超過每年4302噸VOCs排放量前，再進行審查。

下一節，我們將進一步探討，VOCs的排放數據的產生何以如此南轅北轍？其中，各方如何憑藉其所宣稱之「科學事實」，在管制行動中扮演角色？何以仰賴科學評估之環境審查制度無法釐清事實，甚至引發了後續中央與地方彼此登報交互指責之情事，導致社會對於管制行政機關的不信任危機？

27　賴品瑀，2014/06/17，〈六輕VOCs洩漏管制 因應對策終有譜〉，台灣環境資訊電子報。取自http://e-info.org.tw/node/100129

28　洪敏隆，2014/08/04，〈環評決議六輕五期撤回　四期擴廠先釐清〉，蘋果日報。取自http://www.appledaily.com.tw/realtimenews/article/new/20140804/445870/

第三節　VOCs數字的科學政治

一、研究方法與資料來源

　　爲重構出上述環境爭議中之知識圖像，解析科學數字的政治性問題，我們運用多重研究方法，包括文獻分析、質性之深度訪談、田野觀察與焦點團體座談等。[29]首先，我們蒐集關於台塑六輕在VOCs議題上各種環境審查會議與評估報告，包括政府機關出版報告書、環評說明書與報告書（包括擴廠之環境影響差異分析報告與健康風險評估專家會議）、環評會議中的剪報資料與會議紀錄、相關議題之政府（中央與地方）公告回應、中央與地方政府委託之相關研究報告、市府會議諮詢紀錄，以及非環評審查會議（包括環保監督小組、地方說明會）之會議紀錄等。此外，相關民間團體刊物，包含機關通訊、新聞稿與調查報告，以及相關新聞報導資料蒐集等，皆爲本研究資料分析整理之範圍。我們認爲，這些有關個案決策相關的評估報告、審查或公聽會議中不同意見的陳述與紀錄，政府機關之聲明內容，以及行政決策程序外相關研究報告的整理分析等，都有助於我們重建關於VOCs污染物排放的專業審查脈絡，可以較爲全面性地瞭解六輕VOCs排放爭點。

　　其次，我們也進行田野觀察與深度訪談，一方面作爲上述文獻分析資料的輔助與補充，再方面提供我們於二手資料中無法取得之知識生產背後的思考與行動。我們訪綱設計以開放式與半結構式爲主，採立意選樣方法，選取議題參與之重要關係人，再以滾雪球方式擴大訪談對象。我們主要訪談到與個案議題相關之關鍵政治行動者，包括環保署以及地方政府轄下相關局室單位（如環保局等）之官員，從而檢視VOCs議題下的公共決策者的判斷基準，並進一步協助我們瞭解中央環境保護權責機關與地方政府之間的關係網絡，協助掌握研究

---

29 訪談資料的獲得主要來自於國科會（今已改爲科技部）「環境決策中的知識建構、專家與公眾」計畫（NSC101-2628-H-004-003-MY3），以及行政院研考會（現已併入國發會）委託臺灣公共治理研究中心研究案「環境保護權責機關合作困境與改善策略之研究：以六輕與竹科爲例」（RDEC-RES-102-013-002）的支持。

動態分析面向。而長期關心相關案件開發之民間團體成員與環境工程顧問公司之專業人員也是本研究諮詢的對象。此外，我們更實地勘查地方相關科學監測設備之放置與操作，以貼近數值取得之監督專業。

最後，我們也舉辦兩場焦點團體座談，邀請關心此議題之民間團體以及學者專家與會，針對相關爭議提出討論。透過聚焦互動的對話過程與議程設計，激發與會者的辯證討論，並為可能的解決方法以及制度設計集思廣益，期能針對複雜難解的污染問題，提出建設性的政策建議。

二、解構VOCs數字詭辯

如前文所述，六輕擴廠非一朝一夕之事，但其VOCs污染排放量卻始終無法釐清，多重數據更在不同場域中有不同的解釋，進而形成行政效力，突顯出管制科學與環境行政的鑲嵌性。以下，我們再度從檢視VOCs的污染特性出發，從而詳述VOCs管制體系架構，進而分析VOCs管制之數據政治。

我們在前節曾簡單說明VOCs本身的揮發特性，使其在預測式的環境評估制度或實體的管制制度內不易準確計算推估，而在管制制度內僅有合法規範的一種計算科學邏輯——即是奠基在A×B=C的公式當中。地方相關第一線稽查人員就其管制經驗指出：

（VOCs）最關鍵的東西就是一個公式：A×B=C，這是很簡單的公式，A是活動強度，不管是你的燃料或是原料就是活動強度，這就看你的時間點，你要算年？還是小時？還是天？那B就是排放強度，就是所謂係數，EF，Emission fator。C就會是你的排放量，這也是最根本的東西。

在這基礎科學公式繼續推算：

設備元件就有區分排放係數使用，用這個係數去乘上每一個操作的時數。一

個廠的設備元件，尤其是石化廠、煉油廠它的設備元件一定都有可能上萬個，所以它數量一定是很龐大的。那這些係數都很低，但是數量太大了，所以加總起來一定很驚人，尤其又要乘上操作時數。[30]

上述說法顯示，隨著製程的不同，會有不同適用的科學物件類別，進而產生不同的科學係數規格，而每種類別的設備元件操作時數也不盡相同。上述這些變異因素，會使得這些不同的設備元件個數加總後，排放量的計算驚人且變動頻繁。

（一）不同法律規範下的VOCs計算邏輯

然而，上述的基礎科學公式納入依法行政的管制脈絡，會基於法條背後的目的與邏輯，而有不同的算法。預測開發行為的影響評估，或環境實際追蹤與查核的計算，會因應不同的法規適用，而產生多種排放數字。以環評法與空污法為例，環評有環評適用的係數，其係數計算是做為擴廠環評審查的依據；空污有空污的計算係數，其係數規範是做為地方政府計算空污費等的依據。不過，當一項開發行為的管制涉及許多部會機關，尤其六輕開發規模與營運皆比一般開發行為更為龐大與複雜，就會導致係數的計算運用不同，連帶使排放量數字差異甚大。

我們進一步蒐集了相關法規，關於空氣污染的計算與推估，所涉及的相關法規除了「空氣污染防制法」，還有相關子法「揮發性有機物排放標準」、「固定污染源空氣污染防制許可或認可證明文件審查費及證書費收費標準」、「空氣污染防制費收費辦法」、「公私場所固定污染源空氣污染物排放量申報管理辦法」等各種標準與辦法的運用。基於我國中央與地方權限架構以及法規的規範，中央政府有基於科學正當性與合理性制定法規係數的權限；而地方政府的管制權限，則是根據空氣污染防制法第3條、[31]空氣污染防制法施行細則

---

[30] 訪談地方稽查人員S，2013/08/27。
[31] 本法所稱主管機關：在中央為行政院環境保護署；在直轄市為直轄市政府；在縣（市）為縣（市）政府。

第6條、[32]空氣污染防制法第20條、[33]第22條[34]及第23條[35]等，主要依循空污法的相關規定來執行法規。

　　而上述法規所衍生之排放量申報、許可證排放量、空污費排放量以及清查排放量等數據，皆奠基於不同的法規目的，例如，可能是為了進行科學預測來評估六輕是否能持續擴廠；也有可能是為了釐清廠區營運排放量來進行環境總量的控管作為；或基於使用者付費原則，需要有一套收費計算基準；或便於稽查與行政管理，要求業者申報以利比對。我們進一步將相關法規對於VOCs

---

[32] 本法所定直轄市、縣（市）主管機關之主管事項如下：
一、直轄市、縣（市）空氣污染防制工作實施方案與計畫之規劃、訂定及執行事項。
二、直轄市、縣（市）空氣污染防制法規、規章之訂定及釋示事項。
三、直轄市、縣（市）空氣品質之監測、監測品質保證、空氣品質惡化警告之發布及緊急防制措施之執行事項。
四、直轄市、縣（市）空氣污染防制工作及總量管制措施之推行與糾紛之協調處理事項。
五、空氣污染防制費之查核及催繳事項。
六、固定污染源之列管、空氣污染物排放資料之清查更新與建檔、設置或操作許可內容之查核及連續自動監測設施設置完成之認可與功能之查核事項。
七、公私場所申報紀錄之審核及連線資料之統計分析事項。
八、公私場所及交通工具空氣污染物排放之檢查或鑑定事項。
九、轄境內使用中機器腳踏車排放空氣污染物檢驗業務之執行及檢驗站之認可及管理事項。
十、轄境內汽車排放空氣污染物不定期檢驗業務之執行及檢驗站之認可及管理事項。
十一、直轄市、縣（市）空氣污染防制統計資料之製作及陳報事項。
十二、直轄市、縣（市）空氣污染防制之研究發展、宣導及人員之訓練與講習事項。
十三、其他有關直轄市、縣（市）空氣污染防制事項。
[33] 公私場所固定污染源排放空氣污染物，應符合排放標準。
前項排放標準，由中央主管機關依特定業別、設施、污染物項目或區域會商有關機關定之。直轄市、縣（市）主管機關得因特殊需要，擬訂個別較嚴之排放標準，報請中央主管機關會商有關機關核定之。
[34] 公私場所具有經中央主管機關指定公告之固定污染源者，應於規定期限內完成設置自動監測設施，連續監測其操作或空氣污染物排放狀況，並向主管機關申請認可；其經指定公告應連線者，其監測設施應於規定期限內完成與主管機關連線。
前項以外之污染源，主管機關認為必要時，得指定公告其應自行或委託檢驗測定機構實施定期檢驗測定。
前二項測定或檢驗測定結果，應作成紀錄，並依規定向當地主管機關申報；監測或檢驗測定結果之紀錄、申報、保存、連線作業規範、完成設置或連線期限及其他應遵行事項之管理辦法，由中央主管機關定之。
[35] 公私場所應有效收集各種空氣污染物，並維持其空氣污染防制設施或監測設施之正常運作；其固定污染源之最大操作量，不得超過空氣污染防制設施之最大處理容量。
固定污染源及其空氣污染物收集設施、防制設施或監測設施之規格、設置、操作、檢查、保養、紀錄及其他應遵行事項之管理辦法，由中央主管機關定之。

的計算範疇與總量規範與否整理成表5-2。

　　概括而言，相關排放數據依據法律規範而生產，也為了符合管制的行政規劃，或維持環境與人體健康等不同法規目的而產製（Frickel and Moore, 2006）。雖然每一條管制法規都試圖建立客觀中立的科學資訊，眾說紛紜的VOCs排放數值，卻反映了不同數字背後的政治法律詮釋，以及難以釐清的實際監測值與排放數據，而使決策過程爭議越演越烈。

表5-2　不同法規下的數字生產

法規項目	法規目的	法規下的科學生產	VOCs科學數字	主要行動者
環境影響評估法下：規範離島工業區空汙總量	預防性目的、總量控制	依據當時的環境承載量計算	總量規範不得超過5,400噸	經濟部工業局（制定規範者）
環境影響評估法：環評核定量與承諾規範	預防性目的、風險評估	企業提供預計使用製程、原物料等，並運用相關科學係數計算科學資訊；提供給予主管機關進行專業評估與計算	環評核定量不得超過4,302噸；每次的環評申請皆不得超過4,302噸	企業生產科學資訊（生產者）；環保署通過與訂定，並成為環評承諾規範之一（制定規範者）
空氣污染法：空氣污染防制費	使用者付費、實質管制性目的	企業提供製程使用量等開發行為資訊，以及法規係數推估與計算科學資訊；雲林縣政府查核、環保署查核	無總量管制上限	企業（主要生產者）、雲林縣政府（查核、運用者）
空氣污染法：排放量申報	實質管制性目的、建立排放事實資料庫	企業提供製程使用量等開發行為資訊，以及法規係數推估與計算科學資訊；雲林縣政府查核、環保署查核	無總量管制上限	企業（主要生產者）、雲林縣政府（查核、運用者）
空氣污染法：許可證排放	實質管制性目的	企業提供製程使用量等開發行為資訊，以及法規係數推估與計算科學資訊；雲林縣政府查核、環保署查核	無總量管制上限	企業（主要生產者）、雲林縣政府（查核、運用者）

空氣污染法:清查排放量	實質管制性目的	企業提供製程使用量等開發行為資訊,以及法規係數推估與計算科學資訊;雲林縣政府查核、環保署查核	無總量管制上限	企業(主要生產者)、雲林縣政府(查核、運用者)
空氣污染法:揮發性有機物空氣污染管制及排放標準	實質管制性目的	企業提供製程使用量等開發行為資訊,以及法規係數推估與計算科學資訊;雲林縣政府查核、環保署查核	無總量管制上限	企業(主要生產者)、雲林縣政府(查核、運用者)

資料來源:本研究整理

(二)係數運用與抽樣方法的數字政治

　　前文簡略提到,VOCs揮發特質使得真實污染狀況難以測量,目前的方法主要仰賴每個類別的設備元件操作時數乘上排放強度,也就是A活動強度(運作時間)xB排放強度(係數)=C排放量的公式。延續A×B=C的基礎公式,我們發現,在B——即係數的訂定,以及設備元件抽樣方法論的建置,皆無法在專業審查制度中被確認釐清。

　　首先,從上述六輕係數懸而未決的過程觀之,[36]六輕四期的環評是運用六輕自廠建置的係數來預測VOCs的排放量,而這也為後續VOCs的爭議埋下伏筆。六輕提供的係數儘管被當時的環評委員與雲林縣環保局質疑,提出應交由環保署來進行正確性與代表性的備查確認。不過,在通過環評,企業取得開發權後,其係數的釐清場域便過渡到監督實質風險的六輕監督委員會,負責係數釐清的工作單位也轉成地方政府,應環保署的要求辦理專家會議釐清係數訂定。不過,面對這個係數釐清工作的轉移,地方政府卻有執行上的困境:

---

[36] 除了本章第二節的描述討論外,有關六輕VOCs排放係數與計算範圍之發展歷程與相關爭議,可詳見表5-3大事紀的整理。

我們也承擔大概快一年，第二次會議委員都不出席，因為第一次被罵，他為
了領兩千塊出席被罵，他幹嘛要來？所以這個會搞不好越開越少，到最後人數不
足……這麼少人開的會，那個可以叫結論嗎？趁現在還有餘力來開的情況下，趕快
送（結論）。[37]

地方相關單位受訪者繼續補充：

所有的委員、我們推薦的、環保署推薦的都沒有下來。環評就是一個行政處
分啊，那地方就是在這個鳥籠裡面找空間而已。所以也不能說我們沒有權限，有，
但是我們是在環評的這個鳥籠裡面的空間，不能超出。[38]

現在所有委員都不參加。包含環保署推薦的委員，他說他不參加了。到後來
就是，他說這個東西是政治考量，如果政治考量是環評的權責，地方環保局自治執
行空污法，不可能有什麼係數，那絕對是環評那邊要執行的。……就叫我們說，你
們就把這三項算出來之後，丟給環評大會，其他的我們不參與。[39]

地方政府被環保署指定要釐清係數，但因為先前的訴訟爭議，使得係數
推估工作充滿了政治性的考量。一些地方官員更認定環保署此舉是要地方政府
在特定（環評）框架內去生產出一個數值，暗示著整個推估量不能超出環評的
4302噸，否則又會引起政治風暴。因此專家會議難以得出具體結論，只希望把
此任務趕快轉移到環評大會。這似乎顯示了VOCs的係數釐清工作，成為環保
行政機關間的燙手山芋。

而類似的情況，也在設備元件的抽樣方法建置過程中再度發生。誠如上
述，2007年環保署公布新興的自廠係數建置辦法，提供企業運用自廠係數一個
法源依據。要釐清係數建置，前提是要先了解設備元件的抽樣代表性，並以具
代表性的設備元件進行估算，從而推估出VOCs的總排放量。[40]由此可知，係

[37] 訪談地方政府官員D，2013/08/23。
[38] 訪談地方政府官員C，2013/09/26。
[39] 訪談地方政府官員CW，2013/09/26。
[40] 行政院環保署，2007/02/01，〈六輕相關計畫環境影響評估審查結論執行監督委員會第28

數的建置與設備元件的抽樣方法密切相關。

　　本章第一節中提到管制科學與常態科學間的差異，設備元件抽樣方法論的知識建置，要在環境行政的框架內釐清、管制眞實開發行爲的運作，並不同於常態科學的測量，而需要考量管制的可行性與行政成本。根據相關承辦人員指出：

　　有一個東西是沒有辦法算出來的，就是設備元件。設備元件有180幾萬個，那這個要怎麼算？要算的話就是代表性要多少？180幾萬個，一天也只能做到十幾個，他用圍封的方式，把它密閉測量流量，那你一天也只能做到十幾個，但是你180幾萬個是要怎麼做出來？所以我們就有考慮到代表性的問題，把它分類。這樣子的話大概是3到4年是可以做完的。[41]

　　基於六輕廠區的營運規模龐大，在人力與管制資源的侷限下，僅能藉由元件的代表性分類來推估排放量，並且運用統計抽樣方式，達到一定比例來推估眞實的排放量。不過，即便如此，偌大如六輕石化廠區內的兩百多萬個設備元件該如何抽樣測量，即是個高度複雜且具有相當科學不確定性的問題，外加考量時間、人力、技術掌握等相關成本投入的問題，也因此，不令人意外地，設備元件抽樣方法與係數建置等相關知識建構，多半來自於本身即是污染者的開發單位。

　　台塑六輕於2008年委託顧問工程公司，重新執行「六輕四期擴建計畫揮發性有機物自廠排放係數建置計畫暨洩漏管制因應對策」計畫，並將自行生產之相關科學標準程序、抽樣方法等提供環保署專家會議進行討論。此計畫審查的時間從2008年12月18日、2009年5月11日、2009年7月23日至2009年11月26日，共舉辦了4次會議。在前三次專家會議內，因爲抽樣代表性的方法論問題，一

　　次會議紀錄〉。取自：網址http://www.epa.gov.tw/ch/SitePath.aspx?busin=336&path=14023&list=14023
[41] 訪談中央政府官員Y，2013/09/12。

直無法在專家會議內得到共識，最後，有委員建議由一個廠先行試辦，以確定開發單位所提出的方法適用性。此計畫到2012年4月完成，後續交由環保署審查先行試辦的研究方法與實際推估VOCs排放的關係。[42]

　　整體而言，除了VOCs的係數訂定與測量，充滿了科學不確定性的課題外，企業在管制制度內為主要資訊生產者，更使其具有詮釋資訊的優勢地位，可以較為輕易地影響決策結果（Monforton, 2005）。也就是說，企業在生產、詮釋與運用資訊上的優越位置，較有機會介入行政程序與專業審查的運作。六輕四期持續不斷的擴廠評估即是最佳例證。

　　儘管中央政府標榜一套專業審查的環評制度，但在管制制度內，不論是係數或是抽樣方法的科學建置過程，卻無可避免地落入了專業審查的僵局。當專家開始進行專業審查，檢驗與探討科學方法論的正確性，往往陷入方法論的細節爭議，而無視於制度設計的偏見。為了釐清開發單位所提出的設備元件抽樣方法，專家間運用不同科學方法論以求得最接近事實的真理，但基於行政程序的時間、資源條件的限制，會議中若有來自不同立場與意見的專家衝突（Tesh, 2001）或專家歧見的現象，無法在理論背景、科學方法等得出共識，就須不斷地進行協商與討論（Rampton and Stauber, 2001; Jasanoff, 1990）。最後取得模糊卻彼此皆有共識的結果，也提供了政治詮釋專業的曖昧空間（湯京平、邱崇源，2010）。

　　不過，在外部獨立執行六輕相關研究甚少的侷限下，以及考量行政管制成本的條件，針對上述「科學方法」的協商討論過程並不多，最後仍不得不採取「擁有最多資訊、最瞭解狀況」的開發單位所提出的方法先行試辦。而這個強調「科學專業審查」的程序過程，即使關鍵問題尚未釐清，仍成為日後擴廠環評通過所需包容、再繼續研究追蹤的一部分。

　　六輕VOCs管制的係數運用與抽樣方法爭議，突顯出一個值得我國環境影

---

[42]　行政院環保署，2011，〈六輕四期擴建計畫環境影響調查報告書〉。取自http://eiareport.epa.gov.tw/EIAWEB/Main3.aspx?func=11&hcode=0980827A&address=&radius=

響評估與實質監測系統深切關注反省的現象，也就是二位一體的污染者／開發者是整個評估監督程序過程的主要數據資訊提供者，甚至是詮釋者。當整個環境治理體系必須系統性地仰賴開發單位的知識生產，某個程度也系統性地強化了開發單位在政策過程的角色（Kleinman and Vallas, 2006）。諷刺地，當VOCs的數據尚未得到「科學專業審查」的共識而無法採取有效的管制行動，卻可以成就了企業繼續生產、營運、擴建，而凸顯了「科學性」管制在行政程序中的問題與窘境。

（三）VOCs稽查的技術眉角與法規裁量的運用解讀

　　延續著A×B=C的公式邏輯，我們進一步探索科學不確定性下所逐漸醞釀發酵的政治問題。誠如前述，除了B（係數）的影響外，A（活動強度／運作時間）以及設備元件的個數都會影響C（排放量）的浮動。我們也發現，前兩小節所分析的多重管制法規體系與VOCs的計算邏輯緊密鑲嵌下，稽查的執行方式與政府法規運用的裁量權，會影響不同的數據解讀與政治決策效果。以下，我們蒐集稽查專業人員、學者專家、中央政府、雲林縣政府以及民間團體的訪談資料後，細緻地梳理描繪其過程，嘗試釐清檯面上不同調的VOCs排放數字與複雜的行政法規裁量間之關係。

　　我們訪談一位執行其他縣市稽查專業者，其具體指出：

　　申報排放量跟空污費申報時間點是每一季，所以它的基礎是季排放量，就是3個月一次，如果你想要知道它的一年排放量，就是從空污費（資料庫）或是申報排放量（資料庫）去拉這些資料，所以年排放量應該是四個季加起來。因為法規是一季報一次。那每一年的1、4、7、10月都要申報……剛提到排放量計算觀念，這個東西都是以季的強度去算。那清查的時候就是看我們查核的人，我們甚麼時候去查？這邊每個縣市不一樣。而環保局提報的時候，除了許可排放量外，其他3種排放量提報是沒有（法規）規定的，所以就可以選擇小的（數字）。[43]

---

[43] 訪談地方稽查人員T，2013/08/27。

　　若同樣都是5月去查，有的人查101年1月至12月，一整個完整年度、但也有的人5月去查，往前推12個月，從去年4月到今年5月。所以一個是1至12月、一個是去年4月到今年5月，它的時間點不一樣，排放量計算就會不一樣。[44]

　　釐清VOCs排放事實，需要進行相關科學監測與追蹤。地方政府依循著不同的管制法規（參見表5-2）以及本身的行政裁量權限，計算出相關的排放數據。法規裁量權的運用，自然會影響A×B=C的計算結果。例如，上述的訪談就指出，不同時間點計算，會影響C（排放量）的數值變化，但基於法規僅要求一種許可證排放量的數字需要上呈中央，其他因為不同法規所產生不同調的VOCs排放數字，可在後續政治效應考量下選擇性的運用。

　　在多元且複雜的管制法規系統下，如何進行選擇與運用標準與規範，即是一種科學政治性的表徵。由於六輕VOCs排放數據問題對地方相關承辦人員似乎都極為敏感與尖銳，我們較無法從地方官員口中得到關鍵資訊。因此，我們試圖在其他縣市服務的稽查專業人員、民間團體以及中央政府官員的說法，分析文件中的VOCs排放量何以變動甚大。民間團體受訪者H即指出：

　　他本來報的是一個低於4302的值，那後來他受到這個地方環保團體的一些壓力，所以他就採用一個項目增加，也合乎空污法。然後他把原來那個環評的係數改成用空污法的係數算（設備元件），關鍵就在那個會差好幾倍。那後來因為地方政府受到了一個壓力，所以他就決定說，那我就報一個用空污法的係數算出去，結果就超過4302，環保署就說這樣偽造文書，之前跟之後報的不一樣。[45]

　　中央政府官員也對於雲林縣政府選擇與傳遞不同數據資訊提出說法：

　　我們就是依據雲林縣政府給我們的，（企業）他們有申報，至少就會有一個申報值，那我們至少就大概知道目前量有多少。但雲林縣政府資料是錯的，因為你

---

[44] 訪談地方稽查人員S，2013/08/27。
[45] 訪談民間專家委員H，2013/08/23。

給我們的資料是3700多，結果下個月你另外一派的人就告訴環保團體八千多。縣政府給我們三千多，給環保團體八千多的數字，讓環保團體打環保署。那我們就提告了，提供不實資料。後來才知道他提供給環保團體的資料是包含道路交通甚麼都全部在一起，就是雲林縣政府全部的排放清冊，這排放清冊是有六輕、道路排放，還有其他工廠等，那個叫做總量。[46]

　　一些民間團體成員長期關心空氣污染、VOCs排放等問題，也具有VOCs排放量相關的科學知識，進而採取行動對地方與中央政府遊說與施壓，呈現出我們在第一節中所提到的「公共偏好知識型態」的表徵（Ascher et al., 2010）。雲林縣政府面對龐大的政治輿論壓力，依循複雜的法規系統進行管制稽查，將設備元件依空污法規定定義更爲嚴苛，以展示管制決心，但也因此凸顯了管制科學的弔詭。相關稽查人員與專家指出：

　　設備元件的（個數）增加，（是因爲）有一年的一個元件（類似U型的管狀元件），後來環保局就加嚴解釋說，這是三個元件，所以要求補充元件數是增加的。……爲什麼那一年突然間多了三十幾萬個元件，是因爲環保局是有在執法、有加嚴執行，把本來是一個元件的，把它改成分別定義變三個元件。[47]

　　我們一般法規裡面，可能他只認定是一個，但是在環保局他會認定三個，他有三個缺口，所以我們的算法是比較嚴謹的，環保局的算法是最嚴謹的，所以爲什麼我們的數量會那麼多？所以在我們VOCs裡面，列管的設備元件是兩百多萬這麼多。[48]

　　在VOCs計算的基礎科學公式邏輯下，當設備元件的個數越多，科學的不確定性效果就越大，也導致生產VOCs排放量的數字差異擴大。不可否認地，管制機關必須釐清當前VOCs排放量的科學事實後，才能逐步推進瞭解當前VOCs排放量是否超過環境承載，以及影響人體健康等可能性，以進一步進

---

[46] 訪談中央政府官員Y，2013/09/12。
[47] 訪談專家委員O，2013/08/23。
[48] 訪談地方官員N，2013/09/24。

行決策判斷以及釐清與解決公共問題。但上述的分析卻顯示，VOCs排放量的「事實」生產，與法規運用、係數訂定、行政裁量彈性、以及外界政治壓力等息息相關，爭議至今仍未得解。

　　然而，在爭議之中，VOCs的排放「事實」究竟為何，似乎反而成了次要、可以延宕不解的配角。政府機關最後處理「科學資訊」的傳遞方式，則回到了規避政治風險（Jasonoff, 1999）與例行事務的考量（Ascher et al., 2010）。其結果變成沒有人願意承擔VOCs排放釐清的責任，而行政機關間的權責爭議卻躍上檯面，成為地方與中央政府間攻防的主角。

第四節　小結

　　本章藉由梳理雲林台塑六輕石化廠區的VOCs排放爭議問題，討論管制政策的科學政治性，並具體指出管制科學中係數的選擇、操作、程序的設計、法規的適用，以及行政裁量的判準與詮釋，如何影響環境知識的建構與管制作為。

　　VOCs本身揮發易變的特性，隨著六輕廠區與運轉規模的逐漸擴大，使設備元件的計算方式也越趨複雜。科學治理技術的侷限性、專業審查的行政妥協、多重法規運用的見解詮釋、與裁量權限彈性等因素交纏，導致了VOCs排放數字出現不斷更迭變動的狀況，從而引發激烈的政治權責爭論。我們更看到，二位一體的開發者／污染者，可以因為目前的程序設計，合法性地詮釋、傳遞其所生產的污染排放資訊，進而在一場又一場的專業審查制度中，因為資料瑕疵而無法達至科學性的共識，以致於最終在行政程序的時效性下，呈現出非決策制定的管制延宕。看似專業的審查決策機制，成了科學知識與技術菁英的俘虜，並藉此阻擋來自社會各界的政治輿論批評（Jasanoff, 1990; Weingart, 1999）。地方政府在規避政治風險的氛圍中，使數字在傳遞與運用上多了政治性詮釋的考量，但結果卻導致VOCs排放事實更加撲朔迷離。而企業掌握管制科學知識建構權力的強勢地位，自始自終卻未曾被撼動過。

VOCs排放的爭議其實反映了鑲嵌於現代社會與政策制度下的科學政治性問題。當今政策制度十分仰賴專業科學知識來解決公共問題，但科學知識不斷推陳出新、與時俱進，管制法規的條文規範卻總是難以及時更新；同時，每個管制條文背後蘊含不同的政策目的，逐漸造就出一套多元、交織複雜化的科學管制法規系統。而這些管制法規體系的設定與運用，正是科學與政治緊密鑲嵌的表徵。

每一套管制法規與辦法不僅僅指導行政機關如何「客觀」收集相關管制科學資訊，也蘊含著標的不同的管制邏輯，界定著行政程序運作，以及劃清各個行政機關的權責。看似多元不同調的VOCs數字，其實並非是「錯誤」的科學數字，反而都是於法有據的「正確」數字。但當帶有管制與評估性目的的科學數字呈現不確定性，卻可能操作為延宕管制政策的理由之一，從而加深了管制失靈問題。

VOCs排放的管制困境提供公共行政學界一個省思：現行法律所規範的方法與項目並無法完全有效掌握開發單位的排放現況與涵蓋最新的風險預防知識，行政機關在推估與掌握污染數據時，更受制於科學的可行性，以及人力、財政資源的分配窘境，而無法釐清污染排放的真實現狀。這樣的管制困境，更凸顯我們現行政策知識建構方法的侷限。

也因此，解困之道在於建構能夠回應複雜風險課題的政策知識方法論，包括對於新的事證及科學方法的採用，可以尋求更為周延、涵蓋最大可能性的態度；透過規則與制度的改變，來允許更多利害關係人的參與，提供專家與非專家的參與式科學連結機會，使非專家的經驗與知識在問題解決上有所貢獻，也使得複雜的環境科技決策更具有公信力。我們將在本書最後章節討論晚近在國際間蓬勃發展的公民科學（citizen science）概念，即是嘗試打破公民參與環境檢測監督的技術門檻，運用科學的普及與民主，協助管制機關掌握更為貼近事實的證據（O'Rourke and Macey, 2003; Overdevest and Mayer, 2008; Conrad and Hilchey, 2011）。環境決策中若能蘊含更多元的相關知識，將有助於豐富決策知識內涵、並促進專業知識與環境資訊的課責性與公共性（Ottinger and Cohen,

2012）。而這樣的過程，才是落實環境管制、強化環境保護監督的關鍵。

表5-3　有關VOCs排放係數與計算範圍之大事紀

時間	排放係數、計算範圍的大事記
1992年5月	六輕一期通過環評審查，並開始建設營運。 ・關於VOCs排放總量並無任何法規規範。
1999年	開發單位提出六輕二期的影響評估
2000年	・經濟部工業局制定「雲林離島式基礎工業區空氣污染總量管制規劃」，VOCs排放量共一年僅能5,400噸。 ・自此，在環保署限縮規範爲VOCs總量一年排放4,302噸後，關於VOCs排放量限縮於4,302噸框架內。
2001年4月	六輕二期通過環評審查
2001年8月	開發單位提出六輕三期的影響評估
2002年4月	六輕三期通過環評審查 ・此時，關於VOCs排放係數計算運用「六輕三期係數」（法規來源：空污法）。 ・六輕三期環評承諾要求台塑企業釐清關於VOCs排放係數，台塑從2002年至2004年開始執行「麥寮廠區主要設備元件有機逸散污染源（VOCs）調查研究及查核計畫」的三年計畫。 ・此計畫的科學係數——即爲「六輕四期自廠係數」，運用至六輕四期的擴建計畫環境影響說明書，進行評估。
2003年12月初	六輕四期的擴建計畫環境影響說明書提出申請
2003年12月底	六輕四期的擴建計畫環境影響說明書通過 ・審查六輕四期的擴建環說書時，儘管中央與地方行政官僚進行備查VOCs係數，但因審查環評時間有限，後續通過而進入了實質監督階段。 ・「六輕四期自廠係數」並無任何的法源依據，僅有企業的設備更新、利益之說明。 ・另外，關於計算VOCs排放範圍，僅規範7項製程逸散源的計算。
2005年	開發單位提出六輕四期變更環境影響差異分析
2006年	六輕四期變更環境影響差異分析通過

2006年底	開發單位提出修改變更2003年所通過的六輕四期環境影響說明書的審查結論以及第三次環境影響差異分析的申請
2007年	修改變更六輕四期環境影響說明書的審查結論以及第三次環境影響差異分析通過
	・基於空污費開徵VOCs類別，環保署公布「固定污染源揮發性有機物自廠係數（含控制效率）建置作業要點」。台塑運用「六輕四期自廠係數」因而有法律依據。
2008年	開發單位依照環評法第18條提出環境影響調查報告
2008年	開發單位提出六輕四期擴建計畫的第四次環境差異分析的申請
	・六輕四期擴建計畫第四次差異分析之審查會議，結論要求重新釐清設備元件的排放係數問題。
	・後續，台塑執行「六輕四期擴建計畫揮發性有機物自廠排放係數建置計畫暨洩漏管制因應對策」，生產相關科學程序、抽樣設備元件等方法提交專家會議審查。因行政程序時間受限，以及陷入專業審查的僵局而沒有專業共識的產生，最終，仍交由協商、議程等來決議先行試辦。
2008年年底	六輕四期擴建計畫的第四次環境差異分析的申請審核通過
2009年9月	開發單位提出六輕四期擴建計畫的第五次環境差異分析的申請
2009年11月18日	〈六輕南亞廠光氣外洩 波及12人檢查正常〉，中央社社稿。
2010年初	六輕四期擴建計畫的第五次環境差異分析的申請審核通過
2010年7月8月	六輕大火工安事件連續發生，引發群眾活動與社會關注。
2010年10月	舉辦為期三天的六輕計畫總體評鑑研討會議
	・其中關於VOCs排放的研究報告指出，目前VOCs的設備元件與當時建廠情勢不同。而關鍵的排放量計算差異來自於係數的不同。
2011年至今	開發單位提出六輕四期擴建計畫的第六次、第七次環境差異分析的申請
2012年12月5日	在六輕4.7期的審查會議中，環評承諾要求納入「非製程5項的逸散源」，卻被台塑企業認為有行政程序瑕疵，提起行政訴願進而撤銷此具有負負擔的環評承諾。但4.7期仍成功擴廠。
2013年2月14日	雲林縣居民提起行政訴訟，要求撤銷其訴願決定。後續勝訴成功。
2014年4月16日	雲林縣政府基於空污法第20條第2項，擬定「雲林縣設備元件揮發性有機物管制及排放標準」。舉辦公聽會。

第三部曲
風險社會的治理策略

第一節　前言

　　本書第一部分探討台灣的環境影響評估與管制行政制度，第二部分分析科學知識與科技專家在環境決策上的影響與角色，第三部分則進入台灣風險管理機構在治理策略上的研析與討論。

　　誠如前面各章探究科技政治在環境決策中運作的各個面向，我們揭示了傳統只遵奉一種科技理性決策模式可能產生的偏見與侷限，因而主張建構多元方法學來進行公共決策分析的必要性。概因環境風險決策不僅是科學問題，更涉及公共治理的政治過程。尤其，在民主社會中，當風險決策機關遇到政策因民眾反對而窒礙難行的問題時，我們更需要在行政程序中上提供一個包含民眾、專家、官員、甚至法院的各方，可以檢視行政決策正當性的機會，以確保我們的公共決策是奠基在當代最佳知識，而非特定的利益或意識型態。不過，上述主張對於長期使用理性分析模型、不信任公民科學理解的決策體系，無寧是一項艱鉅的挑戰。

　　本書第　章即指出，風險決策在菁英主義的模式運作下，往往以單向、專家主導的思維與強勢說服面對社會大眾質疑，顯現出來的回應模式包括(1)避免揭露資訊，透過先發制人的手段或訴諸社會契約確保決策權力；(2)訴諸獨立並且會運用理性決策架構的權力體；(3)教育大眾以專家的方式思考，而使民眾的疑慮因為缺乏對話機制而隱默（Plough and Krimsky, 1987；周桂田，2004）。這類風險決策的主流觀點，認為科學勝過其他任何知識傳統，而忽略非科學傳統所做出的知識主張，並將外界的抵制歸因於對方的資訊錯誤或不理性。不過，當去脈絡化的科學應用到公共領域問題時，可能也會因為無法取

得社會信任，漠視自身隱含的社會性預設，而無能處理真實世界問題的複雜性（林宗德〔譯〕，Sismondo〔原著〕，2007）。

　　本章，我們將從前幾章所揭示的制度面與科學政治問題，轉聚焦到較為中、微觀層面，有關科技官僚的風險溝通認知與策略問題。將焦點轉移到技術官僚處理風險議題上的認知與作為，可以讓我們看到，鑲嵌於制度與行政組織中的公務員，在法定權限中仍有其能動性。我們將以福島核災後，台灣政府所推動的核能安全溝通為例，分析原能會與台電等核能技術官僚，在核能風險溝通上所做的努力以及所遇到的困境。

　　由於核能向來視為一個高度科技專業的議題，也咸被認為是風險性高的科技，自台灣發展核能電力以來，相關之經營管理與安全控制，皆掌握在經濟部下轄之國營事業單位與原子能安全委員會等政府少數幾個部門單位中，即便民間反核團體質疑核能的安全性與必要性，核能相關決策很少訴諸於公共討論。不過，隨著既有核電廠的除役時間逼近，核廢選址問題仍無定案，核四運轉問題持續受到外界關注。而2011年的日本福島核災事件，使原本在台灣已漸增強的核能發展聲浪更受質疑。2013年3月全台的反核遊行人數達到20萬人以上，行政院更訴諸核四公投，使議題不斷延燒。2014年4月長期推動核四公投的林義雄先生宣告禁食，要求停止興建核四，民間巨大的反核四壓力迫使政府於4月底宣告核四封存停工。

　　從以上歷程來看，核電的安全以及核廢的處理問題，在舉世矚目的日本福島核災後，使得主掌核安事務之行政部門與科技官僚，不得不認真看待核能風險溝通，進而提供一個檢視我國科技官僚處理風險溝通課題的機會。以下的分析，我們希望可以回答，核能安全風險溝通在台灣爭議脈絡中呈現什麼樣的特性與面貌？核能科技官僚在民眾風險溝通議題上，如何設定目標與制訂執行策略？這樣的風險溝通模式，又遭遇了什麼樣的問題與瓶頸？我們透過國內核能相關會議資料的蒐集分析、相關活動與會議之參與觀察、核能科技官僚之深度訪談，以及辦理相關工作坊與執行核安溝通業務相關官員之互動討論，嘗試系統性地整理與歸納政府的核能風險溝通模式在程序與內容面向上的問題；並從

風險溝通與科技民主的理論視角出發，進一步與公部門的風險溝通策略以及目標進行對話，從而探討出當今核安風險溝通困境與解方之所在。

第二節　核能科技政治與風險溝通

一、核能的科技特性與專家政治

　　核能爭議涉及相當多的不確定性與倫理價值的辯證，舉凡核廢政策環評、核二廠再運轉、核四是否商轉與核廢選址等議題，皆已超越了單純只靠工程科學技術所能夠處理的評估範圍。面對充滿不確定的核能風險，以及複雜多樣的風險知識與資訊，如何進行有效之核能風險溝通，是政府部門莫大的挑戰。

　　要瞭解核能風險溝通可能面臨什麼樣的問題，我們或許無法忽略核能科技的技術特性，以及這樣科技特性伴隨而來的社會特質與秩序安排。Charles Perrow（1984）在其著作「常態性意外：與高風險科技共存」中，針對核能發電廠、化學工廠、太空任務等高科技系統，提出一個重要的觀察，認為這些非線性技術系統，在快速、複雜且緊密相連的網絡運作中，即使安裝許多緩衝、警示等措施，一旦過程中有一個小型失靈事故，後果往往無法預測、難以控制，並讓人措手不及。以三哩島核災為例，核電廠一旦出錯，問題就容易到處溢流，衝垮原本安穩屏障。不過，這類事故的意外並不那麼頻繁，使得身處於互為所用且緊密相依組織中的成員，會在運作慣性以及其名望、地位、權力、私利等考量下，否定、隱匿、甚至欺騙意外防範的必要性。在日本福島核災過後，他更撰文指出，平凡無奇的組織缺失問題（organizational failure）永遠伴隨我們，而知識也永遠不完整或處於爭議中，一種稀有但無法避免的常態意外也因此總有存在的機會，因為這不是我們「不想使」這些系統安全，而是我們「無法」使這些系統安全（Perrow, 2011: 52）。

　　Perrow的分析告訴我們，核能電廠的運作每一個環節緊密相扣，系統間的互動快速而複雜，為了阻卻危險的輻射外溢，嵌入各種規範、警示與技術以降

低巨大災害的發生，是一個容錯性很低的系統，也因此需要一個集中權力來處理這複雜而環環相扣的組織，但管理組織卻有可能因為日常慣性或組織聲譽與目標因素，而發生管理上的偏差，而這種組織管理的失靈更顯示在一些國家核能產業與管制單位間獨立性缺乏（如日本），當這種一有閃失可能就會釀成巨大災害的科技系統，與平凡無奇的管理組織文化交互作用，意外的發生並不難預期。

　　核電作為當代技術物的運作特性，Landon Winner（1986）在「技術物有政治性嗎？」一文中，也說明了科技物與社會的複雜互動關係。他指出，技術與科學，在社會決定是否「選擇」使用或發展特定技術物的時候，整個社會也同時被此特定科技，塑造出特定的生活方式（forms of life）。社會所面對的選擇，可以分成兩種層面，第一層面是簡單的「贊成或反對」，如基因改造食品、興建水壩和核能發電等，不管是在地方、國家、或國際層次上，焦點都在於「贊成或反對」的抉擇。但選擇贊成或反對某項技術，就如同是否接受一項影響重大的新法律一樣重要，會對整體社會的生活型態產生長遠的影響。第二層面，在於接受特定技術系統後，緊隨而來的設計或配備型式的選擇。一些看來無害的設計，如大眾運輸、水利計畫、工業自動化等，常常隱藏著意義深刻的社會選擇與政治效果。舉例而言，當人們「決定」開始發展電腦科技、相關軟體程式和網際網路時，也等同於「選擇」了散布世界各地的工作型態、遠端操控的可能性，以及無所遁形的隱私揭露等生活方式。

　　Winner（1986）揭露的「技術政治」概念在於，一個人類製造並運轉的技術系統，沒有什麼是因為現實或效率上的考量而絕對必須的，但一旦遂行了某種行動進程，一旦技術物——如核能電廠興建且開始運轉，便正當化了要求整個社會和生活型態去配合技術所需之理由。技術物中蘊含的政治性或許並非刻意營造出來，但其造成的政治效果，卻無法不讓我們在引進科技時考慮其政治性。例如，Winner提到蕃茄收割機引進美國加州，造成少數大農取代了多數的小農。

　　Winner的討論也觸及核能電廠，他認為核電發展需要一個龐大的管理體

系，和一系列複雜且權威層級分明的細緻分工，傾向集權與軍事化的科技菁英集團操作無可避免。相較之下，太陽能發電能夠由個人或社區自行管理控制，是較能與民主、平等的社會系統相容的技術。如同Perrow所注意到的，要預防核電科技的危害，需要一種高度技術、經濟與政治力量集中的社會安排與之結合運作，處理這樣的系統伴隨而來的社會秩序安排，自然會趨向集權管理，而與權力分散或民主參與系統格格不入。Winner因而建議類似這樣要求特定社會架構與之配合的科技物，在引進之初，就應該對其社會組織特性與影響公開討論。

技術政治論將科技視為帶有政治目的及策略的產物，從而帶領我們檢視政治人物、科學家及工程師的互動，以及他們之間的緊密合作關係，是如何地創造/侷限了許多政治可能性。另一方面，技術政治論也揭示了技術能夠成為科學家及工程師用來自身擴張其政治影響力、獲取資源的利器，使他們獲得管道而參與重要政治決策及政治發展（張國暉，2013）。從科技歷史發展角度來看，核能技術物背後也充滿了國際政治策略與利益角力。

Jasanoff與Kim（2009）提到二戰之後美國難以放棄核能科技可能帶來的利益，為力轉國內對核能的恐懼，美國總統艾森豪（D. Eisenhower）於1953年發表了一篇「原子能的和平用途」（Atoms for Peace）的演講，強調：一、國家已自覺須將原子能用途遠離戰爭軌道，並杜絕這項技術落入有心人之手；二、強調美國不再只是核武使用者，而是有能力創造並妥善核能技術；三、扼制人民對核能的恐懼。在此，政府以科學基礎的創新與規範，以達到「國家願景」和「科技造成違反追求利益初衷的未知傷害可能性之恐懼」兩者間的平衡。並將這種實現國家未來願景的想像，交付於專家和官僚，進而否絕了民眾負面考量核子發展的民主權利，或要求公眾糾正沒有理由的恐懼。

而南韓於1956年，為了牽制以蘇聯作為靠山的北韓，與美國簽定了一個協助核能研究的合作協議，從此開展了南韓的核電發展。近年來，南韓領導者更將核能視為象徵國家科技進步、電力自足甚至對外輸出的關鍵要素。核能技術成為南韓躋身先進發展國家行列的想像，科學家更因而得到了「國家榮耀」和

「主要力量」的美喻（Jasanoff and Kim, 2009）。

　　以上核能技術政治性的討論，不論從歷史發展上「國家科研」的利益考量求，或從技術運作本身所要求的「集權」與「軍事化管理」之需求，或從巨型災害意外防範觀點所要求嚴密而科層分明的組織體系，皆讓我們對於核能科技的社會秩序面貌有更深刻的認識。但在現實運作上，我們或許會發現，上述技術物政治效果的討論並不普遍，社會一般接收到的訊息是核能科技的前瞻性，以及其對於能源穩定的卓越貢獻，政府對核電廠運作的安全性更是再三保證。[1]

　　相信技術理性至上的邏輯，也使得「專家」與「科技官僚」成為政府決策中最具資格討論核能議題的社群。尤其台灣自1970年代開啟核能發電，成為當時推動的十大建設之一，其高度的科技特性，更使得核電問題的運作均交由受過相關專業訓練的工程師與科技官僚負責，而成為一個由專家、高科技及科學知識系統所支配的技術官僚治理議題。對一般民眾而言，核能議題就如一個「有參與門檻的公共空間（public space with restricted access）」，即使在民主體制中，相關的公共政策辯論，也難以用民主的方式決定（雷祥麟，2002：127）。[2]周桂田（2005a）即指出，核能擁有高度技術門檻，又為科技官僚所控制支配，其決策過程被專家權威壟斷，迴避了社會民主溝通。

　　不過，一些研究顯示，科技官僚用以作為護身符的「知識」，明顯地被侷限在科技框架之內，一旦脫離了被科學家所認可的領域，其他類型的知識便被視為不科學，而不為科技官僚所肯定（林崇熙，2000）。但將侷限窄化的知識運用到政治決策中，卻可能引發更大的爭議。尤其，核能發電所牽涉到的議題相當廣泛，涉及環境、工程、建築、政治、社會等多方領域，究竟誰才能被視為核能專家的這個問題，本身可能就充滿了爭議。胡湘玲（1995: 13）即指

1　可參見原能會網站：http://www.chns.org/s.php?id=9&id2=143
2　雷祥麟在此引用了Shapin與Schaffer科學史研究的經典之作Leviathan and the Air-pump，其書細緻地描繪英國皇家學會與實驗科學興起的關鍵時刻，勾劃著「有參與門檻的公共空間」的浮現與形成。

出，「核工專家」名正言順被決策者拿來做核能安全保證科學依據，並非完全來自科學權威，還有與政策制訂方向相符，以及媒體加強塑造的結果。Hecht（2009）有關法國核能發展政治的研究也提醒我們，當科技官僚從原先專業領域跨足到政治決策，影響最大的是民主對科技治理的妥協。他指出，科技官僚已磨損傳統政治力量，現代民主政府中的政治人物根據專家意見治理已是公開的秘密，未經選舉程序的科技官僚成為關鍵決策制訂的掌握者，但其隱身於專家政治結構之中，並非是治理中一個明確可見的面向。許多政治人物決策的原型，更是科技官僚透過政策選項的限縮以及說服式爭論過程所塑造出來的（Fischer, 1990）。

不過，即便技術官僚治理模式在高度風險爭議中有許多侷限，但正如本書所提及之其他案例所述，風險管制單位仍然高度仰賴科技、工程部門提出的「科學證據」，作為制訂管制標準與風險決策的準則。面對民眾對科學正當性的質疑，科學界與政府部門認為是社會大眾無知、不理性及對科學誤解的結果，從而主張應透過科學教育或訊息傳遞，來增加民眾對科技發展的認識與接受度，以彌補民眾科技知識上的落差（Irwin, 1995）。胡湘玲（1995：16）以核四爭議為例指出，這類由科技角度出發的風險溝通，強調由專家傳遞正確科學知識給外行民眾，風險溝通成為科技專家「告知社會」，並取得在社會議題中發言的「正當性」的一種方式。

二、核能風險溝通的困境與辯證

不過，上述強調科技專家擁有生產科學事實能力，並應在溝通過程中將事實真理傳達給無知的外行人，以減緩其疑慮的「溝通」態度與方式，早已備受挑戰。Uggla（2008）檢視瑞典政府主導的氣候變遷政策倡議，指出自詡為氣候變遷議題代言人的瑞典環保署，常策略性地強調某些被簡化的訊息，例如：氣候變遷是迫切議題，每個人的貢獻是必要的，可以從日常層次減緩氣候變

遷，而這些改變並不會對生活帶來負面影響，行動爲時不晚等。著墨於個人行動層次，卻有意避開能源與核能相關爭議，並透過一連串的倡議活動，將氣候變遷重新形構爲單一故事。他批評，當行政機關簡化風險論述並進行單向的宣導與傳播，非但無助於解決問題，反而模糊了問題的焦點。

Wynne（2007a）研究公眾對於風險的回應發現，核電專家在談核能風險時，常常只考量單一核電廠意外的機率，忽略了支持核電廠運作整個系統所帶來的風險，這個系統包括了鈾料的開採、提煉，核燃料的生產，運輸過程可能發生的問題，以及管理這樣的科技需要高素質人員高標準規格的維安體系組織文化等問題。但民眾不僅關心風險或科技本身，他們也關心科技推動的目的、憧憬、價值與假定，這些卻常被我們科技政策甚至社會科學論述所忽略。換言之，政府與科技專家界定的風險，有時並無法完全涵蓋風險的社會經驗，但民眾對科技風險判斷所展現對社會與政治價值的敏感度，卻往往被專家所忽略。Corvellec和Boholm（2008）提醒我們，必須注意風險論述背後的權力運作，檢視論述背後的邏輯連結與未解的價值、被隱沒的風險，以及語言選擇、形式、與呈現的意涵，如何操作著風險溝通的走向。

Otway與Wynne（1989）也指出，眞實的風險溝通面臨相當複雜多變的問題，所以必須特別重視社會關係與社會脈絡對風險溝通的影響。他們認爲，可靠或眞實的資訊是風險溝通的基礎，也是社會關係互信建立之所在，但風險的不確定性如何眞實地傳遞又不會威脅到資訊的可靠性卻充滿弔詭。也因爲風險資訊的特質如此弔詭，風險溝通的重點或許不在科技層次上的事實，而是在於對風險源以及政府機構的信賴度。

不過，要建立對風險源與政府的信賴並非易事。Hayenhjelm（2006）指出，風險溝通中普遍存在一種聚集性的不對稱問題，這些不對稱表現在三個面向上：(1)溝通角色：涉及不同溝通角色在界定風險討論主題、採用的初始觀點，以及溝通啓動的優劣勢；(2)資訊與知識的角色：指涉對風險影響、起因與評估等知識的差異性；(3)風險角色：包括對災害活動，以及相關決策與政策的影響力。上述三要素，影響了風險溝通的不對稱情境，而群聚式的不對稱

（the clustered asymmetric），意即一個團體享有上述所有優勢的要素，而另一方毫無優勢，將造成單向溝通，難以達到溝通目的。

　　Hayenhjelm（2006）的研究提醒我們，需要審慎的檢視風險溝通過程的各種對稱關係，以免形成單向溝通，造成決策的偏差。因為當批判聲音消失，對科學不確定性或替代性方案的討論都可能被壓抑，2013年3月間日本官方所出版的針對福島核災事件的調查報告《日本製的災難》，即呼應了這種批判聲音噤聲的代價。[3]

　　相對於Wynne等強調制度信任與社會、權力脈絡，德國社會學者Renn則從心理學與社會學觀點，提供如何風險溝通的策略思考。Klinke and Renn（2002）將風險根據發生率、自願性、未知性、危害大小等特質進行分類，從而訂出不同層次的風險評估、溝通與管理策略。針對風險溝通，Renn（2003: 5-7; 2008: 82-84）進一步指出，在風險爭議辯論中，有三個層次的衝突。第一個層次涉及關於機率、曝露水平（exposure levels），劑量—反應關係（dose-response relationships）以及潛在的損害程度等事實論據。在這個層次上，溝通必須提供準確的事實性知識，包括在科學知識裡尚存的不確定性和模糊性。此時，雙向溝通是必需的，以確保該資訊已經被理解，且閱聽者所關注的技術問題有全部被討論到。

　　第二個層次的辯論涉及機構處理風險的能力。在這個層面上，爭論的焦點在於風險和利益的分配公平與否，以及風險管理機構的可靠性（trustworthiness）。這個層次的溝通著重在風險管理機構有能力、並願意盡其所能地依管制標準來規範與限制公眾暴露於有害物質裡的永久保證。由於很多人可能會懷疑風險管理機構達成上述任務的能力，並缺乏對管制機構管理的信任。為了獲取信任，風險管理者、事業單位、利益相關者和公眾代表之間持續的對話是必要的。風險管理機構必須繼續展現出它會有效率、有能力並開放地回應公眾需求等的努力。

---

[3]　此篇調查報告完整版，可參閱http://www.nirs.org/fukushima/naiic_report.pdf

　　第三個層次的衝突環繞在不同的社會價值觀、文化的生活方式與其對風險管理的影響。這個層次的溝通需要新的另類形式，並包含利害關係人的參與，如調解（mediation）、公民論壇（citizen panel），或由受影響的利益相關者和公眾代表組成的公開論壇（open forum）。這種參與者的包容性（inclusion），要在每一種不同的情境下反映出其相關價值，尋求出所有參與者認為可以接受或至少是可忍受的解決方案，並藉此建立相互信任和尊重的氛圍。

　　看似層次分明的風險溝通指引，在現實執行上卻仍面臨許多問題。Renn發現，風險管理機構常將高層次的衝突重新界定成低層次的風險衝突。例如將第三層次的衝突作為第一或第二層次的衝突處理，第二層次的衝突作為第一層次衝突處理，試圖把重點放在風險管理機構擅長的技術證據。因此，風險管制機構〈或事業單位〉往往使用事實論據（第一層次）來論理與回應受影響的利益相關者的價值關注（第三層次）；或者，風險管理者往往誤解公眾這部分的關注為「非理性」。公眾在受挫後往往轉向以直接行動進行抗議，並最終產生對系統的不信任與信任破產。

　　Wynne與Renn等學者對於風險溝通的討論，讓我們對於核能安全溝通層次上的辯證有進一步的認識，瞭解溝通者間的風險認知在不同層次上的差異、事實資訊層次溝通的侷限、以及機構的社會信任問題。Plough與Krimsky（1987）則嘗試深化風險溝通更多面向的討論，以目的性（intentionality）、內容、聽眾定位（audience directed）、來源，以及流動方向（flow）等五個要素來檢視風險溝通的寬窄度。他們指出，一般風險溝通慣用窄化的定義，也就是將風險溝通侷限在「專家」如何向他人傳達事實真相，風險溝通被認為是由科技專家，將風險訊息（risk information）流動至一般的門外漢。在此，風險溝通成為科技專家向民眾佈道的場域，所溝通的內容只剩狹義的健康與環境風險，真正的目標是告訴民眾：「相信我們，一切都在我們的掌控之中！」（Plough & Krimsky, 1987: 7）。

　　以上討論的核能技術政治，與風險溝通的制度、權力關係與不同層次等思考，讓我們得以進一步分析風險溝通策略要素，豐富我們檢視台灣核安溝通議

題的理論視角。從學理上分析探索負責執行核能安全溝通的科技官僚，與公眾風險認知落差之所在，來瞭解核能風險溝通可能會面臨的問題。

第三節　台灣核安溝通之運作與瓶頸

本章前言中提到，2011年日本311福島核災事件之後，台灣民眾對核能政策安全與環境風險的憂患意識再次點燃。負責營運核電廠的台灣電力公司，在311福島核災發生之後的5、6月間，出版了一系列宣傳核能電廠安全的廣告，並於民國101年10月，成立了核能溝通小組，舉辦了全台各地的校園巡迴講座活動，同時也接受團體邀約演講，以及廣迎民眾參訪核電廠等多樣溝通形式。而身為管制單位的原能會，在立法院的強烈要求下，於100年5月，舉辦了我國使用核能三十餘年來第一場的核能安全公聽會，也主動對外發布新聞、建立起福島災情專區網站，[4]澄清台灣輻射安全疑慮，並推動輻射你我他的巡迴講座，任何人任何地方，只要一通電話就派人來做說明，同時也請退休人員到學校團體去做演講。上述政府核能科技官僚對於核能風險議題主動說明出擊的態勢，與福島核災之前，除非有法律明訂（如在核發設施執照之前，像用過核子燃料乾式貯存設施必須召開聽證會），否則政府不會主動進行與外界核能溝通會議的情況大為不同。尤其前行政院院長江宜樺在民國102年初宣布以公投的方式來決定核四去留，更迫使原能會與台電必須將原本緊鎖在科技、經濟範疇的核電爭議，以更為多元的形式與管道，推進到公眾溝通的第一線。

僅管台電和原能會改變作法，致力於推動核能安全溝通，但其所得到的整體社會信任和回應，似乎和這些核能科技官僚付出的努力難成正比。核電廠鄰近之在地居民普遍認為，台電和原能會欠缺與當地民眾溝通的誠意，在地舉辦

4　現已改名為〈後福島事故專區〉，追蹤後續福島處理事宜。取自http://www.aec.gov.tw/category/%E7%84%A6%E9%BB%9E%E5%B0%88%E5%8D%80/%E5%BE%8C%E7%A6%8F%E5%B3%B6%E4%BA%8B%E6%95%85%E5%B0%88%E5%8D%80/218_226.html

的說明會流於草率敷衍,未事先宣傳。[5]也有環保團體人士表示,台電和原能會所公告的資訊和數據有不實之虞,可信度有待商榷。[6]從外界的批評看來,無論是原能會或台電,與民衆溝通的方式和內容似乎還有許多進步的空間。如在網路上紅極一時的「金山阿嬤問倒原能會」影片,[7]被民衆批評只是來進行「宣導」而非來進行「溝通」,雙方之間沒有互動,民衆只是來接受資訊、並無實際影響政策或進行回饋的可能性。

核能科技官僚努力在形式上與管道上開啓了與外界的風險溝通,但從上述媒體報導來看,似乎成效不彰。我們因此想要探究,政府的風險溝通策略爲何?這些溝通的努力會遇到什麼瓶頸?進而解析科技官僚對於核能安全風險溝通之認知,以及其對於核能溝通之議題框架、目標、與執行之策略。我們將嘗試整理與歸納現行公部門之核安溝通操作模式,提出溝通程序與內容上出現的問題,並從上述風險溝通與科技民主化理論,與公部門之風險溝通模式進行對話,進一步探究出核安風險溝通困境之癥結點。

一、資料蒐集與研究方法

爲深入瞭解科技官僚對於核能安全公衆溝通的態度與策略,我們進行核能相關會議紀錄的搜尋,訪談相關官員,並舉辦工作坊,來詮釋、探究核能溝通現象與科技官僚態度及行爲意義。相關細節與步驟說明如下:

5　呂苡榕,2011/05/31,〈核安公聽會 民團嗆原能會台電敷衍〉,台灣立報。取自http://www.lihpao.com/?action-viewnews-itemid-107646

6　反核團體認爲台電提出的數據不實、有誤導民衆之虞,涉及僞造文書,揚言要對台電提告。鍾聖雄,2012/03/13,〈廢核將缺電?環團揚言告台電〉,公視PNN。取自http://pnn.pts.org.tw/main/2012/03/13/%E3%BB%A2%E6%A0%B8%E5%B0%87%E7%BC%BA%E9%9B%BB%EF%BC%9F%E7%92%B0%E5%9C%98%E6%8F%9A%E8%A8%80%E5%91%8A%E5%8F%B0%E9%9B%BB/

7　金山阿嬤問倒原能會之影片,可參見連結:http://www.youtube.com/watch?v=Wxlhro9SYSU

（一）次級資料分析

　　我們首先針對原能會、新北市、環保署等政府網站上，所能看到的核能相關評估或公聽會等會議紀錄，進行廣泛的蒐集，再進一步從溝通事項、溝通形式內容、參與者類型和舉辦者（單位、層級、舉辦者職級）等面向，分析目前核能政策官僚主要採取的溝通形式、對象、回應方式與內容、以及資訊公開程度等，整理出核能風險溝通現狀之樣貌輪廓，如表6-1所示。

表6-1　核能政策現有風險溝通型式整理

風險事項	溝通型式及名稱（民國年）		內容
核安管制	核能安全公聽會（100年）		包括核一核二延役，也部分談到核四商轉
放射性物料管制	「放射性廢棄物管理政策評估說明書」公聽會（99年）		
	「傾聽人民聲音」暨「管制透明化」蘭嶼貯存場訪查報告		與談對象為「地方人士」
核子事故緊急應變	101年	輻射災害防制講習會	由教育部主辦
		新北市核安暨防災宣導園遊會（核安民眾防護宣導）	原能會以擺攤方式進行宣導
		『牽手護核安相約愛台灣』傾聽核三廠地方民意活動	
		新北市政府萬里區「環保節能二手再生」園遊會活動	原能會以擺攤方式進行核能安全宣導
		台北市政府101年度區域型災害防救演習活動	
		台北市119防災宣導活動─輻射監測與核安民眾防護宣導	

表6-1　核能政策現有風險溝通型式整理（續）

風險事項	溝通型式及名稱（民國年）		內容
	100年	「關懷心、恆春情—建國百年寒冬送溫暖—民眾核子事故緊急應變」活動報導	針對核三廠
		100年核安第17號演習前民眾說明會	
		100年宣導廣告託播統計表	
		100年度核子事故民眾防護行動貢寮、雙溪區逐里宣導活動報告	
		「核電廠緊急事故整備與應變」公聽會	
	99年	99年龍門電廠勞務人員核子事故緊急應變溝通宣導活動	對象是貢寮和雙溪地區的民眾
		99年度原能會核子事故緊急應變溝通宣導成果說明會簡報	
		99年度核子事故民眾防護行動金山鄉逐村宣導活動報告	
		99年核安第16號演習前民眾說明會辦理結果	
		99年核子事故民眾防護行動石門鄉三芝鄉逐村宣導活動報告	
		屏東縣恆春工商核子事故緊急應變溝通教育宣導活動	
		屏東縣大光國小核子事故緊急應變溝通宣導活動	
		屏東縣恆春鎮城西里婦女團體核子事故緊急應變溝通宣導活動	
		墾丁馬拉松路跑行前訓練—核子事故緊急應變溝通宣導活動	
		墾丁國家公園管理處核子事故緊急應變溝通宣導活動	
		恆春地區旅宿業者核子事故緊急應變民眾溝通宣導活動	

表6-1　核能政策現有風險溝通型式整理（續）

風險事項	溝通型式及名稱（民國年）	內容
核二再運轉	101年「核二廠1號機反應爐支撐裙錨定螺栓斷裂事件」聽證會	
	101年核二乾貯預備聽證作業	
核廢選址爭議	「核廢何從」公民討論會	原能會物管局委託審議式民主團隊進行，模式是電視討論會
核電廠安全監督	核能四廠安全監督委員會	第四屆起開放前十名報名的民眾旁聽
	核一廠專案監督會議	環境資源研究發展基金會列席
	核四監督委員會會議	98年後，開始出現民眾列席，約於100年，環境資源研究發展基金會正式列入出席名單，另有其他環團成員及公民得以申請方式參與列席

資料來源：原能會，本研究整理

（二）深入訪談

　　初步資料整理後，我們進一步透過訪談來瞭解核能科技官僚對風險溝通的認知與態度。在這個研究中所指涉的核能科技官僚，考慮到產（台電）、官（原能會）、學（清大核工系）之間職務流動及相互影響，我們並不將其身分侷限在具有「官職」或「公務員」身分。從實務面向觀察，我們發現科技專家有時也具備科技官僚影響決策的職能，例如原能會前主委歐陽敏盛，在進入原能會前於清大核工系擔任教職。除了職務上的流動外，原能會和台電的研究案，也會委託給清大核研所。換言之，職務的流動、核能科技的背景、與研究計畫的委託等，使在研究單位（核研所）或執行產業開發的事業單位（台電），對於核能政策也擁有相當的影響力。誠如Hecht（2009）對於科技官僚的定義，係指「從原先之專業領域跨足到政治性的決策制定之中」。實務面來看，歷屆核電廠專案監督會議中，列席者多為核能科技官僚及技術專業者，

難見其他領域之專家參與正式會議討論。因此，我們採用胡湘玲（1995：16）對於科技專家的定義：爲台灣核能爭議中，與發展者及政策執行者意見一致的「核工專家」，而不僅指涉核能科技「公務員」。

我們因而選擇了台電、原能會、清大工科系（前身爲清大核工系）等三個機構中有核能溝通相關經驗的成員作爲訪談研究對象。一方面希望可以較爲全面涵蓋到與核能政策風險溝通相關之科技官僚，另一方面也想瞭解在核能政策中扮演不同角色的機構，如台電是經營者的角色，原能會是管制者，核工所是研究者，其不同單位成員在風險溝通的認知上，是否會因政策角色差別而有歧異。

（三）《與公眾溝通工作坊》工作坊

除了次級資料分析與個別深度訪談外，我們的研究團隊[8]也於2013年7月5日舉辦《與公眾溝通工作坊》，邀請了原能會、能源局、台灣電力公司等機構中與核能溝通業務相關之中高階主管（參與人員請見表6-2），希望從參與者的經驗分享過程中，更爲廣泛地瞭解核能科技官僚對風險溝通的經驗與態度，從中釐清科技官僚對於「核安風險溝通」不同的認知面向與層次問題，以進一步瞭解既有核能風險溝通困境。

此工作坊內容主要分成四個階段：第一階段是透過自我介紹，請與會者分享對於溝通的經驗和態度，並進行價值觀的初探；第二階段是針對過去核能公眾溝通的案例及國外經驗，進行程序面上的現況問題分析，整理出台灣目前核能溝通所面臨的困境；第三階段則是從核能公眾溝通的實質面切入，探討學理上風險溝通應有的實質內涵，並請與會者比較、思考現在核能風險溝通脈絡與學理之間的落差；最後一個階段，則是請與會者歸納在會議中的討論重點。

工作坊的討論中，與本章核心提問最爲相關的是第二、三階段的討論，包

---

[8]　此工作坊籌辦主持人除了筆者之外，還有政治大學公共行政學系的黃東益教授、中國文化大學行政管理學系的陳穎峰助理教授、佛光大學社會學系的高淑芬助理教授，以及台灣青年公民論壇協會呂家華理事長。此工作坊的舉辦來自於科技部與原能會計畫「核能安全之風險溝通」（計畫編號：102-NU-E-004-002-NU）的支持。

括風險溝通制度程序面向的問題，以及與會者對於自身在與民眾溝通中所扮演的角色，與風險溝通層次上的認知。在程序面的討論中，研究團隊請與會者分享公眾溝通遇到的難題以及對公眾溝通的願景；在內容面的討論中，研究團隊請與會者從自身經驗說明與民眾溝通經驗屬於事實、制度、亦或價值中的那個層次？以及說明相關層次的體認與溝通角色（機構或自身）界定間的關係。

表6-2　2013年7月5日「如何與民眾溝通」工作坊與會名單

組別	服務單位	代碼
A	原能會	ZGW1
A	原能會	HGL3
A	原能會	HGT3
A	原能會	FFH3
A	原能會	WGH3
A	台電	HAH2
B	原能會	ZGT2
B	原能會	ZGC3
B	原能會	WGH2
B	原能會	HGC3
B	台電	HDL2
C	原能會	ZGH2
C	原能會	FFK3
C	原能會	HGX3
C	原能會	WGC2
C	台電	NCZ2
D	原能會	ZGT3
D	原能會	ZGL3
D	原能會	HGZ1
D	原能會	WGM2
D	能源局	ENL2
D	台電	NCT3

二、核能安全溝通的程序面問題

首先需敘明的是，不論是核電廠的環評會議或安全監督會議，其會議本質並非與民眾溝通，不過，這卻是民眾少數可以參與核能安全相關決策的機會與管道。而政府機關近年來更舉辦多場有關核能風險溝通相關活動，無論是核廢料處置、核事故的防災宣導，或是現有核電廠的安全監督工作，場次都在增加之中，顯見政府逐漸瞭解公眾溝通在核能政策上的重要性。

不過，核能問題的公眾溝通一直未有顯著成效，不少負責核能風險溝通的業務執行者為此感到無奈與困惑。尤其面對媒體尖銳的嘲諷、與公眾嚴厲指責之時，更讓參與溝通的工作人員倍感吃力不討好。以下，我們從次級與訪談資料中，概略整理出一些程序設計的問題：

（一）管道逐漸開放，但資訊、紀錄之公開透明作業仍不完備

我們發現，除了少數會議如核四安全監督委員會有較為完整的會議紀錄與錄影檔之外，許多會議多只有隻字片語的報導，會議列席人員、會議進行情形狀況描述等也大多付之闕如。以民國100年8月24日所舉辦的「核一廠用過核子燃料乾式貯存設施興建品質民間參與第二次訪查活動會議紀錄」為例，網路可以取得的紀錄只有重點摘錄，難以忠實呈現現場的討論樣貌。

而許多活動記錄，特別是宣導類型活動，如在民國99年初舉辦的「屏東縣恆春鎮城西里婦女團體核子事故緊急應變溝通宣導活動」、「恆春地區旅宿業者核子事故緊急應變民眾溝通宣導活動」等，相關紀錄只有官員總結式的發言，數張照片及寥寥幾行文字說明，用以證明曾經辦過相關活動，至於承辦單位、與會者、相關問題討論等資訊付諸缺如。這類活動資料的紀錄，很難協助一般民眾（不管有無與會）瞭解問題，更遑論拓展互信基礎或深化公眾討論。

（二）宣導為主，開放有限的參與程序

目前關於核事故處理的溝通活動型態，大致是以「資訊宣導」搭配「問

卷調查」的方式。政府會舉辦村里宣導，類似2010年間「核子事故民眾防護行動金山鄉逐村宣導活動」或「核子事故民眾防護行動石門鄉三芝鄉逐村宣導活動」等。在這些活動中，民眾比較是政府「教育」的對象，而非政府「請益」的對象。雖然活動搭配著民眾提問與意見反應的環節，不過卻缺少政府官員回應的紀錄，難免留下「虛應文章」的不佳觀感。

相較於核事故應變宣導活動，以「監督」為主的「核能四廠安全監督委員會」正式會議，民眾的參與較為對等，尤其自第四屆開放民眾與環保團體代表常態性列席後，會議的討論內容更為豐富，參加者的來源也開始多元化，政策的涵蓋性漸趨廣闊。不過，大部分民眾仍只能旁聽或在會議後半段陳述意見。從會議紀錄及參與者簽到單來看，台電員工與專家人數常是公眾的倍數。在邀請人員參與方面，雖然許多活動名義上是「開放報名」，但在必須「事先向主辦機關報名」，而主辦機關又有人數審核權的狀況下，如「核能四廠安全監督委員會」，雖於第四屆第三次起開放民眾旁聽，但僅限十名且需事先報名。這樣的程序設計，很容易引起外界對於主事機關會議操控的質疑。

這類正式的評估或監督會議，基本上都是以統問統答的方式進行，容易導致很多提出的問題，到會議最後並沒有被回答到。例如：在「台灣電力股份有限公司核二廠用過核子燃料乾式貯存設施建造執照申請案」聽證會中，幾位與會者提到非核家園與世代正義的價值理念，在統問統答的情況下，這類問題往往被過濾掉，而無法進行有意義之對話。

（三）缺乏對話與中立主持的會議流程設計

大多數核安溝通活動紀錄顯示，民眾發言的機會不是很多，發言人數也有限制，而且通常是活動進行到後半段，先讓專家與活動人員說完話，才讓民眾針對專家的說詞發言。以民國101年9月所舉辦的「核一廠用過核子燃料乾式貯存設施興建品質第5次民間參與訪查活動會議」為例，會議流程由政府人員進行簡報，再留下時間予專家和與會之里長進行討論。這些會議雖能針對民眾的意見與疑問做回應，但專家與官員在回應過程中，往往過度強調數據與科學

事實的問題，並沒有切中民眾關切的提問。民眾在有限的時間下，為了陳述疑慮，提出不在會議議程內的問題，而呈現出各說各話的場面。

此外，公聽會缺乏中立第三方主持人的設計，通常由主席擔任主持人。但主席又兼具相關單位主管的身分。雖然原能會為核能管制單位，應可代表核能政策中公正第三方，但過去歷史紀錄顯示原能會管制與監督迭有爭議，難以公正第三方的形象服眾。因此在相關會議中，常會發生民眾質詢議題有關之單位主管，但其身分應是保持中立的主席。在缺少中立且專業的主持人設計下，相關爭點無法被好好整理，有時還會陷入質詢與回應的緊張局面，使會議溝通的效果大打折扣。

（四）部門間缺少風險溝通的協調整合

政府部門間有關核能安全風險溝通的協調與職務劃分，並無有效重整，使溝通事倍功半。參與工作坊的原能會官員指出，公部門之間並未建立互動與合作的機制，而核能安全溝通除了需要核能專業知識以外，也涉及環境、水文、土木、醫療、社會、文化等議題，應該有相對應的部門參與協助，而非只由原能會單獨承擔。[9]事實上，核能事務除了原能會與台電分別執掌監督與營運外，也牽涉到勞動部、衛福部、經濟部轄下其他機關、環保署、內政部、原民會、地方政府等相關部門。

機關間理應積極協調分工，尤其民眾不一定能清楚政府間的執掌分工。不過，由於核能與輻射相關政策爭議很大，一些政府機關不願插手惹上是非，希望透過修法，把自己業務範圍中與輻射源相關事項推給原能會。與會者ZGC3舉例說明：

　　勞委會管的是勞工安全，勞工安全裡面，有很多工廠也都有使用輻射源，那有關輻射的管理，一概都是原能會。勞工安全法現在改成職業安全衛生法，我已

9　工作坊記錄，原能會官員HGC3，2013/07/05。

經參加他們兩年的會議，他們就很明白的表示，只要跟輻射有關的，一概都是原能會。[10]

　　不過，把核安溝通全部歸責於原能會及台電公司，所能涵蓋的議題也有侷限，難以增強風險溝通層次內涵與回應。但現行核安溝通層級不高，顯示政府並未把風險溝通視為跨部門施政環節中重要一環。在工作坊小組討論中，官員們提到溝通專業性的不足，尤其原能會內部多半是理工背景出身的科技官僚，缺乏溝通技巧的專業訓練，沒有辦法精確的傳達資訊或處理突發場面。[11]更現實面的問題還有，無論是原能會或台電，可調度執行與民眾溝通的人力都有限，無法在每一個溝通場合都派出有經驗的長官參與，經驗不豐的新人上場，在職權有限下也只能照本宣科。

三、核能安全溝通的實質面問題

　　除了上述溝通機制的程序設計問題外，核能政策長期以來由上而下政策制定模式，以及缺乏與社會廣泛實質對話等因素，都使今日核能風險溝通不易突破。其中，核能政策的權責機關沒有妥善地將受影響者納入討論，以及長期聚焦於科技面向，忽略社會多元層面的需求，導致政策制定過程呈現貧乏的技術導向（Krutli et al., 2010），可能更是核能溝通陷入窘境之關鍵因素。

　　我們仔細審閱公開在網路上有完整逐字稿的核能安全相關會議會議記錄，[12]進行風險溝通的內容分析，並以Renn（2003; 2005; 2008; 2010）的風險

---

[10] 工作坊記錄，原能會官員ZGC3，2013/07/05。
[11] 工作坊記錄，原能會官員HGC3，2013/07/05。
[12] 共計有「核能一廠環境影響評估相關計畫審查結論監督委員會」會議記錄、「核能四廠環境保護監督委員會」會議記錄、「核電廠緊急事故整備與應變」公聽會會議記錄、物管局關於放射性廢棄物之公眾溝通的會議記錄、「核能安全公聽會」、「核二廠1號機反應爐支撐裙錨定螺栓斷裂事件」聽證會、「台灣電力股份有限公司核二廠用過核子燃料乾式貯存設施建造執照申請案」聽證會等資料。

爭議與風險溝通三種層次、溝通時必要的元素以及評估溝通是否成功的標準為編碼基礎，針對幾份會議紀錄內容反覆閱讀與整理，有以下幾點發現：

（一）資訊公開認知歧異大

政府單位常認為資訊公開已做很多，尤其許多資訊已放置在網站上，但民眾總是不滿意政府的提供內容與方式。例如，在「台灣電力股份有限公司核二廠用過核子燃料乾式貯存設施建造執照申請案」聽證會中，主管機關回應民眾訊息不夠公開的質疑：

> ……那第四項呢，您提到這個資訊不夠公開啊，那這方面呢，原能會在審查這個案子的過程當中啊，非常強調資訊公開，所以在原能會的網站上面，在首頁裡面呢，特別開闢了一個乾式貯存的專區，包括我們今天聽證的所有的資料，包括我們審查乾式貯存計畫的所有的審查意見，通通上網公開，那這些審查意見，將來處理答覆的結果，也會上網公開，所以您提到的資訊公開，我個人也很認同，我們一定會盡量來做……[13]

雖然主管機關謙稱個人認同資訊公開，也會盡量做，但強調的是政府資訊公開一直有在做，只是民眾沒善用。由此可見兩方對資訊公開的看法與要求有相當落差。值得注意的是，資訊可得性是風險溝通的要角（第一層次），若公眾無法得到充分而完整的資訊，可能導致對提供資訊者的不信任（由第一層次提升到第二層次）。

（二）會議討論多集中在「專業技術與科學事實證據」面向

一些官員指出，核能本身有高度專業性，會用到大量的專業名詞和術語，且難以簡化，很難利用民眾的語言來說明，是核能溝通上很大的困擾。[14]不

---

[13] 行政院原子能委員會，2012/07/17，〈「台灣電力股份有限公司核二廠用過核子燃料乾式貯存設施建造執照申請案」聽證紀錄〉。
[14] 工作坊記錄，原能會官員WGC2，2013/07/05。

過，細究一些會議內容，我們發現，長期關注核安議題的環保團體與地方自救會成員，在監督過程中不斷累進相關技術專業，相關會議討論聚焦於技術層面問題的攻防並不罕見。例如，在「核能安全公聽會」中，民間挑戰原能會及台電公司對於核電廠安全係數的評估，與提升安全係數所需花費的成本。在「核二廠1號機反應爐支撐裙錨定螺栓斷裂事件」聽證會中，與會的民間團體代表挑戰台電，對反應爐支撐裙錨定螺栓斷裂原始導因的不確定性沒有進一步研究，分析過程設計也太粗糙（皆屬於第一層次：技術專業、事實論述）。這些對官方科學分析方法缺失的質疑，形成一種競奪的專業知識（contested expertise）。

　　不過，太過於聚焦在技術事實層次也會凸顯技術官僚與一般公眾的知識落差，而使政府官員在言詞之中顯示「過度保證」的情形，但這反而予人一種政府過度傲慢、輕視風險的不佳觀感。我們也發現，在第一線的溝通者會因為他們的職務層級不夠高，當民眾提及較敏感的、涉及第二、三層次的問題（如核電廠到底安不安全、爆炸了我們老百姓要怎麼辦），在未被上級長官充分授權下，只能改以「實事求是」的方式，採用科學證據或實務現況（第一層次）等不會出錯的「事實」論述來回答民眾問題，因而呈現「失焦」和「答非所問」的狀況。

（三）風險溝通層次失焦，民眾關心焦點未被有效回應

　　我們發現，在會議過程中民眾雖有提及科學技術（第一層次）的部分，但其主要關切點常是公民參與對於政策的影響力（第三層次）、或是對管制單位監管能力及方式的質疑（第二層次）。然而，民眾得到的回應多半是介紹現有的處理措施和技術（第一層次），以此作為人民安全的擔保，但第二層次或第三層次的提問卻鮮少被回應。因此，常會出現民眾的提問與質疑，與政府專家的陳述並無太多交集，或是只回答了前半段、後半段避而未答，各說各話的狀況也時有發生。

　　此外，會議中有關第三層次價值觀的問題似乎被刻意排除在外，例如在

「核能安全公聽會」中，僅有少數被提出的問題（如反核或非核）是與價值有關，但這些問題常被忽略。參與民眾提出包含各個層次不同面向的問題，但相關回應通常比較像是政令宣導的標準答案。例如：

金山區M先生提問：核能研究所都在研究要如何賺錢，卻沒有研究如何處理核廢料。三十年過去了，不知道核能研究所在幹什麼？為了台灣的未來，希望政府能好好考慮核廢料及核電廠除役的問題，不然也不知道何時會發生核災，說不定明天就發生。誰能百分百保證核電廠絕對安全？萬一發生了，台灣這麼小要逃去哪裡？另外核電廠關廠之後，建議原能會可以考慮轉業。

T主任委員回應：今天核能研究所未派員出席，下次有機會可以考慮請核能研究所安排參觀事宜，讓民眾瞭解核能研究所在做些什麼？另外關於建議原能會轉業的問題，必須澄清的是即使現在核電廠都關廠，也還是會有許多後續的問題要監督，原能會還是必須為民眾核能安全把關。而且民間也有許多輻射源，例如醫院就有許多具放射性的醫療器材，仍然需要原能會持續替民眾監督把關，原能會不可能轉業。[15]

「誰能百分百保證核電廠絕對安全」這段話表達了民眾對於核能發電的疑慮以及不安，牽涉到第三層次的價值觀判斷，然而在T主委回答的過程中卻是完全忽略民眾這方面的疑慮及觀點。深究這些會議中兩方溝通的失焦，其中另一個原因是行政部門分殊化，會議中被質詢者面對問的議題，可能有責無權。例如：在「放射性廢棄物管理政策評估說明書」公聽會中，當民眾質疑台電無能力處理核廢料時，物管局回應：

關於核廢料資訊公開部分，目前在原能會的網站上可以查到上月份核電廠所產生的核廢料資訊。民眾質疑33年的核廢料都沒有辦法處理的問題，在此澄清目前核電廠產生的核廢料都安全地貯存在核電廠的倉庫裡，核電廠有足夠的空間容納運轉期間所產生的所有核廢料。至於核廢料最終處置的部分，因為法律規定須通過公

---

[15] 行政院原子能委員會，2011/05/31，〈核能安全公聽會會議紀錄〉。

投才能成爲核廢料最終處置候選場址，這部分台電公司及經濟部目前正在努力，需要時間與地方持續溝通。[16]

　　上述針對民眾質疑台灣在處理核廢料技術上，究竟有沒有這樣的能力或是經驗（由第一層次提升到第二層次），政府的回應一方面指出其技術處理沒有問題（第一層次），另一方面，在核廢料最終處置的部分，則指出依法律規定須通過公投才能成爲核廢料最終處置候選場址，這部分則是台電公司及經濟部目前正在努力，需要時間與地方持續溝通（第二層次，反應行政部門分殊化、有責無權）。

　　而各會議中的溝通地方居民在技術部分雖有所著墨（第一層次），但其主要關注點在於選擇核廢料的處置地爲什麼沒有徵詢當民眾意見。換言之，其身爲利害關係人卻沒有得到應代表權（第三層次）。在此的回應多半是以介紹既有措施及技術內容的方式，當作擔保人民安全的回應（第一層次），很少觸及在第二或第三層的回應。

第四節　解析科技官僚核能風險溝通的態度與策略

　　前一節整理台灣核安溝通的表象困境，本節剖析科技官僚對風險溝通之認知、目標與執行策略，以進一步釐清核能安全風險溝通困境的結構性因素。

一、窄化的溝通策略與想像

　　要分析核能科技官僚所主導的風險溝通模式與執行策略，我們參考了Plough和Krimsky（1987）對於風險溝通的幅度定義，討論「目的」、「形式

---

[16] 行政院原子能委員會，2010/10/01，〈「放射性廢棄物管理政策評估說明書」公聽會會議紀錄〉。

及管道」、「對象選擇」、「來源」，以及「流動方向」等五個面向。

(一) 視溝通為知識傳播與政令宣導

我們訪談資料顯示，多數技術官僚將政府定位成一個專業的機關，其溝通目的主要是讓民眾知道政府機關做了些什麼，[17]並且讓民眾相信政府、不要太過恐懼。[18]誠如受訪者tpcZ所言：

你有繳電費啊，你有理由知道你的電費有沒有過多的代價，那我們就要告訴你沒有浪費、沒有過度浪費的情形，核電廠裡面都很安全、處理得很好，你晚上睡覺可以好好睡，不用每天早上起來，都要擔心核電廠會爆炸。[19]

這段話顯示，核能風險溝通對科技官僚而言，是說明政務與讓民眾安心。相關研究也發現，科技官僚認為與民眾溝通的場合，是塑造政府可靠形象，及增加民眾對政府機關信任感的機會（黃郁芬，2013）。因此，「溝通」的用意在向民眾宣傳、要求民眾相信。反映了Plough和Krimsky（1987）指出的，溝通目的在於強調一切都在科技官僚的掌握中。

我們也發現，核能科技官僚在溝通內容中，相當重視「知識傳播」和「矯正視聽」，也就是讓民眾得到「正確的知識和消息」。[20]溝通內容的取向，正是以佈道為實際溝通目標的回聲。誠如胡湘玲在1995年所觀察到的現象：核能科技官僚們與其說是「溝通者」，更像是一個「教育者」或「知識傳播者」（胡湘玲，1995：46-59）。在此，「溝通」目標與「政策宣傳」似乎被官僚看作等號。

---

[17] 訪談原能會官員aecP，2013/05/25。
[18] 訪談地方官員aecX，2013/04/22。
[19] 訪談台電人員tpcZ，2013/04/17。
[20] 訪談原能會官員aecP，2013/05/25。

（二）選取「容易」溝通對象

　　核能科技官僚在溝通對象上，傾向於選擇「容易溝通者」與「有必要溝通者」；所謂的「容易溝通者」，是「態度中立的人」，因為態度中立的人傾聽意願較高、沒有既定的成見。[21]而最符合「容易溝通」的族群是學生，因為「單純的學生，比較沒有利害關係」。[22]受訪者aecP認為，中等教育的國高中生學習能力很快，可以很快的吸收溝通內容和知識；[23]而同樣是在原能會服務的受訪者也認為，中小學生比較會和講者進行互動。[24]一些受訪者則傾向於大專院校程度的學生比較願意傾聽瞭解核能技術問題：

　　知識水準程度比較高的學生，因為最積極踴躍參與公共事務的族群，是二、三十歲的年輕人，這些公共事務參與的主要人力，會有較多求知的渴望、比較願意認真聽核能科技官僚的論述內容，也比較喜歡以理性平和的態度，進行討論和提問。[25]

　　而被排除在「容易溝通」族群之外的，則是那些咸信是意識型態已經很明確的人，用另一種更為生動的方法來形容，就是把反核當成信仰、純為反對而反對的人；[26]這些人被認為已經有了既定的想法，所以溝通的成效很有限。受訪者aecL認為，要改變這些人的想法，就「像是要信佛教的人要說服基督教的來信佛教、或是要基督教改信佛教，這樣並沒有太多實質的意義」；[27]另一位受訪者thuW也認為「跟他們其實沒辦法溝通，背後已經有既定的立場了，他們也不會去修正，這個是他們的立場。」[28]

---

[21] 訪談原能會官員aecP，2013/05/25。
[22] 工作坊記錄，原能會官員FFH3，2013/07/05。
[23] 訪談原能會官員aecP，2013/05/25。
[24] 工作坊記錄，原能會官員FFH3，2013/07/05。
[25] 訪談地方官員aecX，2013/04/22。
[26] 訪談原能會官員aecL，2013/05/23。
[27] 訪談原能會官員aecL，2013/05/23。
[28] 訪談清大工科系專家thuW，2013/04/30。

從上述受訪內容得知，核能科技官僚認為，態度中立、沒有既定反對立場的對象，是他們比較願意、也認為比較有溝通價值的社群。針對反對立場堅定的民眾，特別是環保團體，因為難以改變他們的想法、亦沒有說服的可能性，認為並無必要花太多心力去做溝通。有趣的是，當核能科技官僚認為沒有立場、態度中立對象較具溝通價值時，似乎並無意識到本身在溝通場域中，也深具特定價值與立場，說明政府既定政策與核能安全之任務。而這樣的角色，也使溝通僅限於單面向的傳播功能，而缺少互動或被挑戰的空間。

（三）「正確」專業知識的單向傳送

從上述討論來看，核能科技官僚對於溝通流動的想像，仍停留在知識推廣，因此不難發現，這些科技官僚會將電視媒體、廣告文宣、網路訊息等，納入主要溝通管道的一環：「我們一開始的時候，當然是從平面的文宣上去做……311之後就陸陸續續有核安總體檢的結果，有做一些宣傳的文宣手冊和做一些短片，有在網頁上秀出來。」[29]

在面對面的溝通上，核能科技官僚傾向以演講、座談會、辦研討會、講課的方式，來進行「專業知識的介紹，或是法規知識的介紹」，[30]以讓民眾瞭解應該要知道的、必要的正確資訊。科技官僚相信，民眾吸收了正確的資訊，就可以駁斥一些來自外界不實資訊的誤解，同時也降低他們對核能風險的恐懼。

這樣風險溝通形式，即是由科技官僚傳送訊息至所謂的門外漢（Plough &Krimsky, 1987）。我們訪談結果顯示，很多核能科技官僚認為，民眾們只要「瞭解了就會相信」（朱元鴻，1995：208），希望透過知識傳播，來弭平專家與常民間的風險認知落差。

不過，正如Wynne（2002）批評這種將風險溝通窄化為「專家流向常民」的單向流通模式，是硬生生地把社會價值與科學事實一切為二，忽略了科學事

---

[29] 訪談台電人員tpcZ，2013/04/17。
[30] 工作坊記錄，原能會官員ZGT2，2013/07/05。

實本身也爲社會文化價值所涵蓋，而透過溝通含納常民角度的意見，比較能讓核能科技政策中有更多元的知識觀點。從Plough和Krimsky（1987）溝通幅度架構來評斷，當前台灣核能安全溝通模式，是屬於狹隘（narrow）的風險溝通。而這樣的溝通模式，只有知識的宣導與灌輸，並無法促進風險溝通的多元論述內涵，亦難以提升民眾對核能科技官僚的信任，反而造成更多的政策執行障礙與官民間的信任破裂。

二、科技理性與法定權限界定溝通範疇

本小節繼續探究，何以科技官僚多採取狹隘的風險溝通策略？如前所述，科技官僚在處理核能溝通中的衝突時，常會滯留在風險爭議中的第一層次－事實論據（actual arguments）（Renn, 2003），也就是當民眾對核能政策質疑、或表示不信任時，科技官僚傾向於拿出難以撼動的科學事實作爲回應，或請民眾自己親自「體驗」科學證據。

（一）科技人講究實事求是證據

一些受訪者將自己定位成官僚體系中有「科學背景」的角色，認爲「我們學科學的人一定要講求證據」，因此在核能安全溝通的場合中，他認爲較妥善的處理方式是「如果不知道的我們就不講，就說我們回去再查證，不要不經意的就跟他講出一個不正確的訊息」。[31]受訪者thuW則提出溝通論述事實時應具備的條件：

在論證一個事情，要提人證物證，人證就要有時間場合姓名，不能把人家吃飯時情緒上來、亂罵人講的話當證據，要在正式公開場合講的才是有效的人證。再來是物證，就是credible的report，有公信力的報告，哪一機關、誰做的，這才是有

---

[31] 工作坊記錄，原能會官員ZGW1，2013/07/05。

效的物證。[32]

　　上述訪談資料顯示，核能科技官僚相當注重溝通過程中的資訊內容正確性，也顯示對於科學理性的信仰與崇拜。因此，科技官僚的溝通內容與論述方式，自然而然地選擇科學證據與數字來進行風險溝通與應對。Slovic（1987）的研究亦應證了這樣的事實，科技官僚以科學證據作為論證基礎，傾向用機率、年度死亡人數等事實數據，作為評斷風險程度的依據。

　　相信可量化的數據和實證資料，官僚傾向將非技術性的知識評價為不可靠且沒效率，對於政治及相關文化抱持反感態度，認為其與追求真理的科學活動相互排斥（雷祥麟，2002：142）。工作坊與會者HAH2即說明他只能處理較低層次的議題，而無法處理數據事實以外的問題：

　　　為什麼我只能挑這個（層次）1跟（層次）2，因為（層次）3那個我沒有那個能力做。那個價值觀我認為是每個人都不一樣，你要去處理這個問題，那個沒有說服的餘地、沒有說服的空間，所以我只能處理數據，或是用誠心來處理溝通的問題，建立他對我們信心的問題。那至於價值觀那是個人，沒有那個能力去涉獵那個問題。[33]

　　誠然，資訊的證據和可信度，在風險溝通上是相當重要的一環，科技官僚對數據可靠程度的要求亦值得肯定。不過，僅專注於事實與科學層面的討論，並不足以找到一個可以使全部或大多數利害相關者接受的解決辦法，特別是在健康風險影響缺乏實證的確定性時（Klinke and Renn, 2002; Renn, 2003）。這代表，風險溝通也需警醒到第二層次制度面，與第三層次價值面的處理。

---

[32] 訪談清大工科系專家thuW，2013/04/30。
[33] 工作坊記錄，台電代表HAH2，2013/07/05。

（二）職權任務的界線影響溝通層次的穿越

科技官僚將風險溝通侷限在第一層次的議題處理，除了執著於對科學事實的追求外，對自身所處機關與業務性質上的認知，也影響了他們在風險議題層次上的選擇。工作坊與會者WGC2如此界定他對所屬機關的認知：

基本上我們一直以來、長期以來，都定義是一個單純的管制機關，那做的工作就是審查檢查，主要目的就是保護民眾的安全，那在這邊的界定上，其實我們是比較認為這是需要知識跟專業。[34]

科技官僚對自身服務的機關職權的界定，會高度影響到他們在議題層次處理的態度。工作坊與會者ZGW1對於原能會的業務想像與WGC2類似：

照理來講原能會不能選3，因為我們是所謂的核能管制單位……所以說基本上他們目前處理的部分都是1跟2的部分，就是閣員形象跟所謂的專業部分。[35]

而對機關扮演的核能知識專業角色的認知，也使核能科技官僚認為應將溝通的內容著重在技術知識與科學事實上，才符合「專業」的形象。受訪者aecJ認為自己溝通所能處理到的層次，是屬於技術與事實層面，因為他的業務內容「大部分都是跟電廠營運東西有關，所以……直觀上，覺得要講的比較大部分是技術」，至於為什麼無法處理到二、三以上層次的議題？aecJ表示，因為「覺得我出去不是代表我個人，我是代表這個單位，所以我的想法是說，我不要對我不確定的東西就隨意地去告訴他們」。[36]

這樣的問題常會發生在基層的科技官僚身上，主因在於基層的官僚人員處於政策輸送帶的末端，是與民眾接觸最密切的階層（曾冠球，2004）；然而他

---

[34] 工作坊記錄，原能會官員WGC2，2013/07/05。
[35] 工作坊記錄，原能會官員ZGW1，2013/07/05。
[36] 訪談原能會官員aecJ，2013/11/25。

們所負責的業務範圍也最小，能夠回答的問題，比起高層官員相對性有限，但民眾的提問卻常會牽涉到範圍更大的議題，如國家能源政策未來走向、整體國民風險，這些問題常會被定義為是帶有高度政治性，基層科技官僚並不認為自己被授權回答這類問題，因此往往難以即時地針對提問「對症下藥」，亦無法向民眾解釋他們無法回應的苦衷。工作坊與會者NCT3分享了這種有苦難言的情況：

> 有時候出去的話，人家不會管你是不是核能這一塊，人家出去只知道你是台電的，所以只要是台電的你可能都要可以多少知道一些，因為出去溝通其實講一句話是很難啟齒就是：這個不是我的領域……出去講這句話其實是不太好的，因為出去等於說，我就是代表台電的。[37]

再者，官僚體制中也存在著「多做多錯、少做少錯」一種不成文的工作信條，基層科技官僚對於民眾溝通這類叫罵聲遠多於掌聲的業務，打安全牌或傳達已有科學證據的技術性內容，似乎是最為明哲保身的作法。如此一來，科技官僚一方面可以確保自己發言及傳遞訊息的正確性，也算秉持自己的專業本份與立場，再方面可以避免被民眾和媒體質疑發言內容的科學性、免於受長官的譴責而影響未來工作上的升遷與發展機會。

三、「有」核能「無」風險的溝通論述

科學理性的信仰與機關職責之認知，或許可以幫助我們部分理解核能科技官僚為何只能處理低層次風險溝通的困境。不過，我們也於訪談資料中發現，「風險」似乎從來不是核能安全溝通的主軸，「經濟成長」與「電力提供」才是核能科技官僚最為在乎的使命。從本章前面討論的核能技術政體角度觀之，

---

[37] 工作坊記錄，台電代表NCT3，2013/07/05。

台灣核能科技官僚在國家發展與政府科層體制中，強力結合「核能科技」與「經濟發展」論述，推進與正當化「核能」作為國家經濟發展的重要基礎，甚至是唯一的選項。受訪者tpcZ不諱言地指陳核能對台灣早期經濟發展的重要貢獻：

　　核一核二核三，為國家帶來這麼大的好處，完全是過去蔣經國時代，十大建設，認為這是最需要最該做的，就做下去，做下去就經濟成長。你可以否認過去的經濟成長，跟核能電廠無關嗎？[38]

　　以台電來說，這家自日治時代就存在的老字號國營事業，最大的使命認知，就是穩定供電，而最引以為豪的事，更是台灣數十年來未有缺電的情形。從經濟部所發出的「確保核安、穩健減核」[39]說帖中，可以看到核能安全與能源供應不足這個政策論述框架緊密結合。受訪者tpcZ的論點，更驗證了能源政策與電力問題在台電核能溝通中的重要角色：

　　核能的議題不是只有你要不要使用核能，因為你國家能源政策是怎麼樣，你到底用電會不會成長？即使你用電不成長，但如果你不用核電，你的影響是什麼？衝擊是什麼？[40]

　　原能會在核能政策中是監督者的角色，不過，科技官僚對於風險溝通的想像，也是在核能發展既定政策上，「像警察一樣，工作內容就是在糾舉有無違反法紀的情況發生」。[41]不管是原能會或台電，這些科技官僚在核能發展作為台灣能源重要選項的看法上相距不遠，某種程度也呼應了他們對於國家經濟持續成長的態度，以及貢獻於台灣穩定供電的使命感與自我期許，同時滿足社會

---

[38] 訪談台電人員tpcZ，2013/04/17。
[39] 全文內容可詳參經濟部的〈能源問答集〉，取自經濟部網站http://twenergy.org.tw/FAQ/
[40] 訪談台電人員tpcZ，2013/04/17。
[41] 訪談原能會官員aecP，2013/05/25。

對官僚「有爲有能」的期待。

核能科技官僚對於「電力成長」所懷抱的「使命必達」情懷，正體現了對於核能發展的特定價值取向。受訪者aecT談論到國內反核浪潮時，便忍不住從電力開發屢遭阻撓的角度，爲國家未來能源前景擔心起來：「這些反核團體，反核電、反風力、反火力、反水力。能用的能源都被你反掉了以後，你可不可以告訴我一條出路?」[42]工作坊與會者HDL2的發言中，也從這樣的「使命」來看待核能議題對國家未來發展的影響：

> 我們國內一片的反核聲，其實我還滿擔憂的，核能是我們所必要的，可是核能竟然是被大家誤解到這麼嚴重。所以希望說核能教育這邊，可能要多所著墨，對改變民眾的觀念，或者下一代的觀念，不要被反核團體洗腦，這可能是比較需要的。[43]

受訪者thuW更將供電與國安危機扣連：

> 沒有核能發電，電價就會上漲，只要電漲起來以後，這些商人或是工業的投資者，他們就會到鄰近的國家去，如果成本高、特別是需要能源越多的，一定走得越快……假如釣魚台、南海這些地方如果發生衝突，就可能斷料耶，天然氣只能放七天，如果你再擴大……只能放三天。三天不要說有動亂，一個颱風就掛了，船進不來，就斷氣了。[44]

核能科技之於核能科技官僚來說，不是一個能源選項，而是維繫台灣社會發展的命脈、也是促使國家經濟發展的關鍵因素，甚至可以是解決地球暖化的救星。當核能科技在他們的認識中，具有如此重要性和功能性，科技官僚在進行核安溝通時，已經不是以「溝通」或「瞭解民意」爲主體，而是向民眾大力

---

[42] 訪談原能會官員aecT，2013/08/29。
[43] 工作坊記錄，台電代表HDL2，2013/07/05。
[44] 訪談清大工科系專家thuW，2013/04/30。

推廣核能科技的重要性與必要性。「風險」溝通或許從來就不是官方核能溝通的主體，這可解釋核能科技官僚採取「強勢單向」宣導溝通的策略選擇，也可解釋其在風險問題處理上強調事實證據的「低」層次，卻在國家發展論述上採取「積極」價值宣導的「高」層次，以不斷強調台灣將面臨缺電、電價上漲、產業萎縮、企業出走等論點，[45]說服民眾瞭解核能科技是不可或缺，可以有效解決國家面臨的能源危機。

然而，這種強調科技經濟發展的論述方式，容易將風險溝通侷限在第一層次的事實數據呈現，有形無形中透過壓抑其他層次風險論述，將社會不同的價值、文化、生活方式與風險感知排拒在核能政策思考之外。這樣的溝通使公眾在受挫後轉向直接的抗議行動，並對系統產生不信任。Wynne（2007a）即提醒，用科學技術創新抑制批判性意見的作法，可能使科學不確定性或替代性方案的討論被壓抑。如此一來，核能政策的制定缺乏多元意見參與和回饋機制，在科技官僚的獨斷下，民主政治精神受到侵犯，而可能引發更大的風險危機。

第五節　小結

本章探討台灣在核安議題上的風險溝通特性與策略，以及科技官僚對核能風險溝通的認知與想像。我們發現，核能科技官僚將風險溝通作為培育民眾信任的政策工具，溝通目標是向民眾宣揚政府能力，要求民眾信任科技官僚的專業能力。在溝通內容上以知識傳播和政策宣導為主軸，以教育者自居的態度，使知識灌輸成為核心內容。而相關對話的流動為單向，固定為專家流向民眾。整體而言，為Plough和Krimsky（1987）之風險幅度定義中狹隘窄化的溝通類型。

在這窄化的溝通模式中，科技官僚傾向於以Renn（2003）所稱之的第一層次－事實論據（actual arguments）的方式，來處理核能溝通過程中的衝突－

---

[45] 訪談清大工科系專家thuW，2013/04/30。

即使用科學事實、證據呈現等方式，回應民眾的提問。這樣的溝通模式，一方面可歸因於核能科技官僚對科學事實的追求與信仰，將自己的身分定位為「科學家」、術有專攻的專家型幕僚；另一方面，科技官僚所處的機關與業務性質，亦影響他們在風險溝通層次上的選擇，尤其基層科技官僚位居核能政策輸送帶末端，一旦在風險溝通過程中，遇到層次較高、或超出業務範圍的提問，在未得高層長官授權下，只能採用較有把握的既定事實和知識作為回應，而非切題地回應民眾關切。

　　核能科技官僚在溝通過程中，講求科學依據、技術及事實；而懷抱著科學救國、發展救國等意識型態，使核能安全溝通中的「風險論述」退位，取而代之的是經濟發展、能源政策等效益評估政策論述，宣導「核能為國家發展必要的選項」。當風險溝通所應具備的政策回應性被忽略，民主治理難以進入核能科技政策的核心範疇，核安問題越溝通越嚴重也就不令人意外了。

第一節　診斷台灣風險治理問題

在前面的章節中，我們檢視了台灣環境治理中的不同面向，聚焦於分析台灣環境風險問題肇因，科學在台灣環境決策中的運用與角色，以及政府的風險溝通策略與課題。這些面向的討論，橫跨台灣電子、石化與核能等三個台灣最有力的工業技術產業，也含括了中央政府、地方政府、環保團體、社區居民、企業、科學界、乃自法學界等各個行動者的角色與回應，從制度評估規劃到管制政策實踐過程，勾勒出台灣環境治理的輪廓樣貌。

第二章從歷時多年的中科三期、四期環評爭議，探討環評期間的風險辯論，以及後續司法爭訟所帶出環境行政程序的民主辯證課題。此章分析宣稱「客觀中立科學」的環評作業程序，在面對複雜、不確定性與歧異性高的風險評估時，卻常無法認定「事實」，解決風險危害問題；而決策單位在既定政策下，操作科學事實認定、甚至扭曲司法判決意旨，憑恃科學專業遂行風險教化，罔顧實踐真正的公民參與。看似強勢威風，卻戕害了環境行政能力提升轉型，與強化環評公共課責的機會。

第二章的分析，點出了我國環境治理中評估制度的規劃設計問題，以及面對問題時不當之行政裁量與回應可能產生的後果。第三章則把焦點帶到環評通過之後的地方環境治理運作問題，以台塑公司位於雲林麥寮的六輕為例，檢視地方面對大型石化專區環境影響的種種難題。六輕運作後引發各種環境與健康危害憂慮，凸顯了我國環評事前評估不足的面向與缺失，呼應了第二章對於現行評估制度的分析與批判。而六輕地方監督管制與環境治理的問題，更顯示在各級政府缺乏協調整合與積極解決問題的意願下，給予企業遊走法令規範

模糊地帶的機會。當企業可以不顧其產源責任，並挾其豐富資源，運用其對政策的優勢影響力，與針對性的策略訴訟，來制衡政府管制行動的時候，即使是再簡單的事業廢棄物認定問題，政府機關也必須大費周章、耗時費力的與企業周旋，更遑論處理更為棘手的健康風險、空污監測等問題。六輕副產石灰的爭議，恰凸顯出政府面對大型石化專區監督治理無力的窘境。從環境的預評估到監督管制，我們看到整個環境行政體系深陷於治理無能的泥沼，以及亟需改變治理典範的需求，並進一步引領我們深入探索環境行政中的政策知識建構問題。

　　第四章與第五章探討當今環境行政與管制科學中最被器重的「科學」與「專家」，反思傳統環境決策模式中，將科學專業與政治決策二元劃分的論調與制度設計。第四章檢視環保行政機關近年來戮力推動、行銷的「專家會議」，分析其制度設計背後的政策知識認識論與想像，指出現行專家諮詢機制忽略科學事實建構並無法自外於社會價值影響，欲要求專家在缺乏脈絡性的知識基礎上提供建議，並將充滿政治角力的環境決策包裝成科學專業決定，除無助於爭議解決，更將專家放在一個與公民對立的尷尬位置。

　　第五章討論台塑六輕VOCs的排放爭議，從分析管制科學中的數據爭議出發，指出「科學」在管制政策中的生產、詮釋與運用，深受法規、技術與人力財政等資源配置的影響。如果期待「科學」在管制政策中扮演更好的角色，我們需要肯認科學與政治緊密鑲嵌的事實，從而在制度設計與政策方法學的運用上，將「科學」放在一個更為恰當的位置。

　　本書最後一部分，特別針對官僚面對風險社會時所需採取的風險溝通與治理策略進行討論。第六章分析廣受矚目的核能風險溝通課題，仔細的檢視相關程序與實質面問題，指出政府雖然日漸重視風險溝通，但缺乏對溝通目的的更為廣泛包容的認識，以及上層政策層級的支援與整合，使風險溝通深陷於狹隘的事實論據，流於貌似溝通實為宣傳之政策作業。

　　前面各章運用多個理論視角與多重案例，聚焦於不同風險治理面向上的討論，但卻相當一致地反映了我國環境治理背後的系統性問題：科學評估與管

制作業，在決策時程、資金贊助、範疇界定以及資訊不足等限制下，往往只能生產出有限知識供決策參考，但科學的「不確定」與「未知」，卻常成為產、官消極面對環境風險的主要藉口，以及不同利益行動者據以各自表述的爭辯工具；當今政府機構所憑藉的風險治理模式，恰是本書在第一章所指出，無法回應複雜多元風險課題的一種線性模式決策方案。

　　盤點今日台灣社會面對的風險課題，不只存於本書所舉的案例中，舉凡國光石化興建、高雄石化氣爆，到全國矚目的餿水油、飼料油風暴，風險課題層出不窮，一件比一件更駭人聽聞的事件，凸顯出一個嚴重的系統性失靈問題。而先前章節所揭示的分析中，我們看到台灣風險治理的轉型危機：一個缺乏社會視角的科學評估偏見，在唯經濟發展主義下，企業習於隱匿或忽視風險，國家則倚賴狹隘定義的環境科技知識，貶抑或否定其他知識系統，而使風險消失於法律與社會的課責性上。

　　如同周桂田等（2014）疾呼，當前台灣處於治理轉型怠惰，在自由經濟的迷思下一路鬆綁管制，當危機連環爆的浮現，卻還未警覺到需要系統性改變的必要。2014年高雄氣爆犧牲多名站在第一線救災的消防隊員，他們在第一時間並不知道這是場石化毒災事變，因而錯失緊急應變機會，甚至葬送寶貴性命。災難過後，高雄市民們才知道埋藏在住屋底下竟有許多工業原料運送管線，而相關化學物質運送、儲存，以及管線配置之資訊揭露付之闕如。但高雄氣爆災難並非單一偶發事件，糾葛於背後的資訊透明、公共課責、風險知識生產等問題，均與本書案例背後所討論的治理問題息息相關。中科三、四期的環評爭議即帶出高科技毒性化學資料不明、法令規範管不到新興有害物質等問題，從而促使毒管法部分（但為德不卒）的修訂，與高科技廢水管制法規的設立（杜文苓，2014），以及健康風險評估納入環評審查的常態化；六輕所引發之空污問題，亦促成國光石化環評參考，以及VOCs與PM2.5的管制。

　　不過，因應個案倡議壓力所做的政策回應，只看到應景式的修法、立法，而非整體系統性的檢討與轉型。當風險變成實害，也多被體系視為破碎零星的個案，而無治理轉型的自覺。環境管制的良窳，操縱於主要行動者對於風險知

識的生產、詮釋與解讀，從而形塑之治理架構，當行政體系運作如常，治理能力難以提昇，那麼，在可見的未來，風險的常態化與劇烈化，將是島民們無可迴避的宿命。在最後這個章節，我們希望指出台灣環境治理轉型的方向、制度安排、策略與契機。

第二節　治理典範轉變與挑戰：健全政策知識與公民參與

本書各章節的分析皆指出，環境決策過程中的科學辯證並非完全客觀、中立，而環境爭議中的科學研究，更難以擺脫被政治化的命運。如要科學扮演解決問題的角色，就必須透過政治的方法，闡明環境爭議背後的價值基礎（Sarewits, 2004）。尤其環境問題的「事實」，常無法在特定專業擔保或地方知識中產生，而是科學、管制、社區等單位之不同行動者在互動過程中，透過不同方法論的交互質詢與協商而建構出來，在此場域中，每個參與的行動者都是名副其實的「專門知識的共同生產者」（Sirianni, 2009: 48）。

Nowotny et al（2001）注意到，科學知識的生產不僅止於實驗室中，在風險成因複雜且不確定性高的現代社會，脈絡化（contextualized）或具脈絡敏感性（context-sensitive）的科學越形重要。因此，他們主張，好的環境決策不僅需要可靠的（reliable）知識（指高度倚賴科學工作），更需要社會健全（social robust）知識，其取得仰賴多元群體涉入與互動磋商，並在此過程中不斷地試煉與修正所得的知識。在這個知識論的框架中，運用科學方法取得的知識，也必須進入社會互動過程中，不斷地被試煉與修正，以取得正當性（Nowotny, 2003）。周桂田（2013）在檢視我國跨界風險爭議時，也特別指出納入公民知識與價值對我國風險治理的重要性，認為鼓勵大量的「參與式知識」（p. 73），將是強健社會監督能量、帶動治理創新的契機。

誠如本書第一章所指出，政策研究中的後實證觀點，提供我們重新檢視環境決策知識建構應具備的要素：公共政策設計需要瞭解到政治景觀及符號的運用，以及價值鑲嵌的問題，運用多元方法學，使政策問題有更多論辯的過程，

並瞭解決策是在相對脈絡中進行判斷（蘇偉業〔譯〕，Smith and Larimer〔原著〕，2010：141-42）。在這樣的認識論下，Dunn（1993: 256-64）提出政策論證模型，強調透過「論證」（arguments）界定有用的知識（usable knowledge），打破「科學」與「常識」（ordinary knowledge）的界線，藉由驗證知識宣稱的適切性、相關性與信服力，釐清知識運用的參考框架（frames of references）。他以法律系統中的論辯爲喻，強調論證是利害關係人參與競爭性建構知識的理性倡議過程。知識不再是單純衍生於演繹式的確認，或經驗式的連結，而是鑲嵌於社會過程中相對適切的主張。

那麼，有關環境問題的「事實」建構程序又應如何進行？Fischer（2003c: 201-02）所提出的多元方法論（multi-methodologies）的應用，可以做爲參考。多元方法論係指透過結合規範性價值與經驗性資料，使政策過程鼓勵實質對話並更具邏輯嚴謹性。他認爲，由於社會科學的數據資料與理論都有限，解釋、辯證與說服在政策循環的每一個階段扮演重要角色。除了數據數值的實證資料，一個主導溝通與辯證的理性程序，並且以檢視政策主張內在邏輯一貫性，是政策知識生產重要的一環。他也提醒，專家與常民的論理形式（forms of reason）不同，政策知識不應獨厚特定形式的專門知識。因此他強調具有貢獻性的專業知識應來自審議（deliberation）：一種合作式的質問與對話互動而生產的知識。這樣的政策知識論含括多元方法論框架，希望銜接起因不同邏輯（包括技術與社會）質問而產生的落差。對Fischer而言，政策知識論的任務，在於增進公民的能力與機會，以促進他們公共判斷的品質（Fischer, 2009: 164）。

如果政策的知識建構是一種不同框架之間相互理解的動態過程，那麼，如何推動這樣的理解過程？Wagenaar與Cook（2003: 167）提出政策實踐（policy practice）的途徑或可供參考。他們檢視行動、社群、認知、辯證、標準、情感、價值與論述等，並且藉由厚描（thick description）方法，描繪及詮釋行動者所召喚、用來因應具體情境所推論的知識。他們主張，政策分析者需要瞭解政策實踐背後的默會框架（如制度運作、政治與法律規則等如何影響行動者的

選擇與論述），才能直指政策核心問題，透過反思性的分析，使政策改變與審議有所可能。

上述後實證觀點，與在科技與社會（STS）領域中所強調透過公民參與，打破科學與公眾審議藩籬的主張不謀而合。Bucchi與Neresini（2007）認為社會行動與溝通在科學知識的界定上扮演重要角色，常民知識應被視為環境知識生產的重要元素。Corburn（2005）的研究也強調在地知識的有效性，指出了掌握生活經驗與地方文化的社區成員，可以協助專家看到研究對象的生活軌跡與方式。一些學者更認為，地方居民在科技風險判斷上所展現對社會與政治的敏感度，對決策深具價值，卻往往被專家所忽略（范玫芳，2008；Fiorino, 1990；Slovic, 1999）。如同本書在第二章、第四章與第六章所述，中科三、四期環評審查、專家會議的檢討、或竹科環境調查研究，皆顯示在地草根質問的重要性，如果制度中鼓勵、肯認這類的提問，可以協助擁有正式身分的專家提早發現，更為適切地界定環境問題。

認知到科學知識在風險決策場域的政治性與侷限性，歐美學界漸漸強調納入多元知識管道的重要性，並試圖建構一個更開放、彈性的架構，使為決策判斷的風險相關知識能夠納入。Bucchi與Neresini（2007）從科技民主的觀點，強調公眾參與可提供掌握知識共同演化與共同生產的可能性，從而主張創造一個讓專業科學家與政治社會學家觀點可以融合的「混合論壇」（hybrid forums），修正原本決策權與過程由專家主控的缺失。Hinchliffe（2001）則倡議開放的、彈性的與互惠的共治原則。

在這新的治理框架上，飽受質疑卻又十分重要的專家或科學專業，應該如何適切地定位呢？Corburn（2005: 41）從知識與政治不應是對立面的認識論出發，挑戰將專業者與外行人區隔的二分法，強調科學知識與政治秩序相互依賴的共同生產模型。他引述Funtowicz與Ravetz（1992）「擴張同儕社群」（extended peer community）的概念，提倡由專業者與群眾合作來解釋科學證據並推動科學知識的進展，特別是在「找不到對問題的漂亮解、遭遇重大環境與倫理問題、現象自身模糊不清，以及所有研究技法對方法論批判敞開」的狀

態下，專業者的角色必須從安全保證人（guarantor of safety）蛻變爲肯認新知識、聲音、可能性與新介入方向的保證人（guarantor of recognition）。

Limoges（1993）也從多元的關連世界（worlds of relevance）觀點，分析專家在政策場域上的表現，提供一個專業角色的建設性想像。她指出，政策場域中的專業競爭是多元而複雜，爭議來自不同參與者所策動多元關連世界觀點的協商，而這樣的關係是參與者行動的結果，無法事先界定好的（Limoges, 1993: 421）。專家當然可以提供資料與資訊，但專業不應被簡化到只有專家的說詞宣稱，而應是一個集體學習與評估的結果。在爭議互動中的持續學習過程，可以重新定位專家知識以及其效力的限制（Limoges, 1993: 418）。

Renn（1999）在風險治理的討論中，提出了涵納專家與常民的幾個新的治理制度設計概念，他認爲，新的政治參與必須要具備(1)選擇的多樣性：議題必須具備數個不同的、各有好壞的選擇；(2)暴露均等：在這些選項中，應盡量讓當地民眾所暴露的負面危害是均等的（公平原則）；(3)個人經驗：公民必須對議題具有相當的經驗，讓他們有足夠的信心來參加議題的學習與討論決策；(4)主辦者的開放性；(5)在主要利害關係人和決策者中設立監督委員會。這些制度設計，主要是試圖建立一個更爲公平、民主與彈性開放的風險治理政治。

誠如Jasanoff（2013: 178）指出，加強審議途徑與公民參與，來提升、改善當今風險治理能力與文化，已經不是「該不該」（whether）的問題，而是「如何」（how）鼓勵決策者與科學專家、企業生產者，以及公眾更有意義的互動。尤其面對充滿許多未知以及不確定的環境風險，傳統風險評估、成本效益分析等管理決策模式，雖以客觀、規則式途徑而蔚爲決策模式的主流，但其預測方法聚焦在「已知」而忽略「未知」，運用高門檻的專業分析將公眾觀點與批評封鎖於外，以及限制其將原本框架外的假設內化成挑戰能力等問題，[1]

---

[1] Jasanoff（2013: 179）在此舉了一個與本書探討問題相關的例子，有關化學毒性評估科技已經不斷被修正，可是主流的評估體系還是奠基在一個「人們一次暴露在一種化學物質」這種錯誤的假設上，因此一種日常生活常見的化學物質合成增效作用（synergistic effects）、

早已顯現出解決問題的重大侷限（Jasanoff, 2013: 178-9）。她接著指出，這種
奠基於「傲慢科技」（technologies of hubris）的思考模式，阻礙了我們朝向更
好的治理方式前進；因而疾呼「謙卑科技」（technologies of humility）（pp.
179-182），從改變研究方法開始，包括關照問題框架、注重曝險程度與分配
的社經面向（不將風險個人化的單位分析，而是以族群社群作爲分析單位），
以及將解決問題鑲嵌於社會與機構集體學習的過程，作爲公共政策典範移轉新
方向的起點。

第三節　台灣環境治理典範轉移的機會與限制

　　前一節耙梳治理型態轉變的新課題，似乎與台灣環境治理現狀差距甚遠，
新型態治理重視對知識的包容性、對科技與專家的反思性，以及協調不同行動
者共同爲目標而努力的能力。資訊透明、集體社會學習、公共課責，以及著重
於預警原則的長程規劃，更是面對複雜風險問題的治理關鍵要素。可以想見，
我們需要系統性的創新思維、回應新治理典範的能力培養與實踐的決心，才有
機會改善台灣風險治理的困境。

　　因應新型態的風險治理，國際上針對前揭之科技民主化的落實與運作方
式，有更多更深入的探討。然而，台灣過去幾年在社會運動與民主浪潮的推動
之下，也產生不少對於科技民主的討論與實踐的嘗試。要進行制度與典範的結
構性改革，我們無法忽略在地的經驗累積與反省。以下，結合相關國際視野，
並參考過去台灣在地實踐經驗，我想要進一步指出，台灣在公共審議、公民科
學與風險溝通等方面的嘗試與累積，有機會爲台灣公共治理轉型指出一條可行
道路。

　　長期暴露（long-term exposures）與多重暴露（multiple exposures），都因爲對分析而言混
亂麻煩而被忽視。

一、創造「知識合產」機會的公共審議

　　本書於不同章節中皆提到，公民的在地經驗、地方的傳統智慧、科學的實驗推估等，都是建構知識的一環。如何讓不同的知識形式，在政策討論場域中進行建設性對話，創造出如Bucchi與Neresini（2007）融合科學與社會觀點的「混合論壇」，或Jasanoff（2004a）所提之「知識合產」的參與式政策程序，對於台灣現行行政程序運作而言，似乎都有些遙不可及。但台灣自兩千年以降，引進審議式民主的公民參與模式，討論之公共議題從二代健保、科學園區設置、淡水河整治、核廢料處置到社區規劃，形式操作從更從公民共識會議、公民陪審團、願景工作坊、世界咖啡館，到社運現場的公共審議，展現出台灣推動審議民主的活力，以及政策知識「合產」的可行性。

　　只是，台灣的公民審議推動，多是由學界設計、規劃與發動，多數的資金贊助雖來自公部門，但沒有鑲嵌進入主要的行政程序中，審議的結果對於政策的影響難以評估。政府單位委託學術單位進行許多審議式的公民參與會議，卻對於2001年頒布的行政程序法中，特別引進可以保障公開、公正與民主程序制度的聽證置若未聞。[2]一來聽證具備了法律效益，反而使行政部門望之卻步，甚至規避，例如，第二階段環境影響評估審查的公眾參與，原本規定以聽證會形式進行，但在聽證會程序法制規範後，行政部門則將條文改為以公聽會方式進行。[3]其次，各行政機關對於聽證制度是什麼還相當陌生，也很少邀請熟諳聽證程序專業人士的諮詢協助。[4]

　　於是，台灣許多正式的聽證會議，都被當成公聽會的模式舉辦，常成為每

---

[2]　行政程序法第1條：「為使行政行為遵循公正、公開與民主之程序，確保依法行政之原則，以保障人民權益，提高行政效能，增進人民對行政之信賴，特制定本法」。取自：全國法規資料庫，行政程序法（2005年12月28日修正）http://law.moj.gov.tw/ Scripts/Query4B.asp?FullDoc=所有條文&Lcode=A0030055

[3]　環境影響評估法配合行政程序法（2001年1月施行）修正，於2003年1月8日將「聽證會」修訂為「公聽會」。此項修正在2006年國家永續發展會議引起批評，會議最後的結論共識則希望再修正環評法第12條，將第二階段環境影響評估報告書辦理之公聽會，改成聽證會。

[4]　依行政程序法第57條之規定，「聽證，由行政機關首長或其指定人員為主持人，必要時得由律師、相關專業人員或其他熟諳法令之人員在場協助之」。

人兩輪發言、一輪三分鐘的各自表述局面,沒有釐清爭點、相互詰辯、探求異同的功能。陳彥宏比較聽證會與公聽會模式,指出兩者在適用範圍、程序嚴密度、以及主持人權責上都有所不同。[5]尤其在程序規定上,聽證係依行政程序法進行之正式程序,包括進行前之日期通知、預告;[6]進行中主持人之權限、當事人之權利,與結束後聽證紀錄之內容等,均有明文規定。[7]在效力上,行政機關在行政處分時,應斟酌聽證結果,聽證紀錄在法規明定下有拘束行政機關之裁量權限。[8]相較之下,公聽會則為一便宜性規定,未受嚴格之程序保障;公聽會對行政機關並無一定之法律拘束力。

不過,台灣僅有的少數聽證會議推動經驗,證明仍有制度內實踐審議的可能。以本書第二章所探討的中科三期案例而言,因為草根團體的堅持,而有聽證會的舉辦,2006年9月5日舉行的中科三期后里園區開發聽證會,原定4小時的會議,在熟悉聽證程序的專家主持下,最後進行超過了9個小時,透過五大議題的界定與不同方所提出證據與言詞上的攻防;[9]針對爭議點不斷探詢釐清,最後整理出總結,載明雙方同意點以及差異處(杜文苓,2010)。

這個聽證會因為形式設計得當,並有專業主持人居中整理、徵詢爭點,而釐清了許多環評會議未及處理的問題,並呈現出比環評審查更為充分的資訊與證據。例如,第二章第二節中提到用水供給以及廢水排放爭議問題,最後是在聽證會中才被一一釐清確認。一位環保人士認為,參加中科三期許多場次的民眾參與會議,許多都聽到標準作業程序的回答,但「唯一覺得他們比較說實話

---

5 陳彥宏,2007/09/05,「從大甲溪流域的未來評估中橫是否修建」聽證側寫。取自https://www.flickr.com/photos/waders/1325740363/?rb=1#comment7215760186
6 行政程序法第48-51條。
7 行政程序法第54-66條。
8 行政程序法第108條「行政機關作成經聽證之行政處分時,除依第43條之規定外,並應斟酌全部聽證之結果。但法規明定應依聽證紀錄作成處分者,從其規定。前項行政處分應以書面為之,並通知當事人。」
9 包括(一)中科用水計畫;(二)初期放流水排入牛稠坑溝之影響;(三)大安溪長期放流管對地下水質及沿海水質之影響;(四)健康風險評估議題;(五)其他:1.聯外道路路線;2.施工管理;3.空氣品質監測。

的，就是最後一次聽證會」。[10]一問一答的程序設計，主持人遇到含糊不清或雙造說辭落差之處持續追問，要求提出證據資料，使雙方必須針對爭點交集互動。

　　主持人亦整理討論歸納總結，並徵求大家的理解、同意與修正。不同於說明會與環評審查會，常在爭議無法釐清情況下，草草結束，聽證程序要求訓練有素的主持人整理歸納各方證詞論點，鼓勵交叉詰問釐清重要問題，使資訊得以豐富完整的呈現。例如，有關健康風險議題，總結論釐清了許多在環評審議中各說各話的爭點，而這些爭點也是到2014年二階環評過程中持續探究挖掘的問題：

　　第一個是廠商究竟使用何種原物料，期中報告很多微量因素，可能中科目前沒有辦法所掌握……關於整個環境風險、健康風險評估的背景值部分，中科是說明在方法上、知識上都還有它的缺陷。……這一段因為有3、4個污染源了，居民致癌率……高於其他縣市平均值……不過……因為不是環評要求的內容，所以環評時也沒有提出。另外在選址的時候，也沒有把現在場址附近的健康風險納入作評估……根據的數據，其實並不清楚，原來數據的資料與測值、測數據的方法都沒有呈現出來……。[11]

　　中科三期聽證經驗告訴我們，良好的聽證會議設計，可以促進建設性的對話並釐清爭點，使地方經驗與觀察的知識有機會納入環境影響的整體評估，提昇環境影響評估在社會與人文層面的考量。聽證程序也提供不同立場的專業社群一個溝通對話的平台，可以從更多元的角度審慎評估複雜的環境問題，深化環境影響評估的專業。這些正是目前自詡為客觀公正科學的環境影響評估最為缺乏的一環。

　　可惜的是，這樣的聽證程序還未被主動嵌入於環評審查過程中，中科三期

10　訪談環保團體成員EC1，2007/11/23。
11　〈中部科學工業園區后里園區開發計劃第二次聽證會會議紀錄〉。台中：中科管理局：226-228 www.ctsp.gov.tw/files/f4af1270-3e34-4b88-904a-8d6443914328.pdf

聽證會舉辦在環評過後，爲因應立委與民間團體的政治壓力所召開，雖使風險抗辯越辯越明，卻都僅具參考價值，對開發設置計畫少有約束作用，導致日後環評爭議持續擴大。這個過程也顯示，行政機關對於鑲嵌進行政程序的公共審議，非不能也，而是不爲也，政府機關可以「依法行政」，創造公民參與環境審議的典範，透過現行制度協助公民緊密地參與影響決策判斷的知識生產，突破傳統風險評估策略模式的窠臼。而相關作爲與否，正考驗著實踐民主行政與提升公民參與品質的決心。

二、協助草根社群充權的公民科學

本書第一章曾指出，國外已有實證研究顯示，公民參與有修正科技主義工具理性盲點的能力，增進環境治理決策的正當性，縮短知識與政策間的距離，並促進環境正義的實踐（Yearley et al., 2003; Yearley, 2006）。本章前一節的討論也指出，透過規則與制度改變允許更多利害關係人的參與，是新型態環境治理必須面對與努力的課題。其中，提供專家與非專家透過參與式科學連結的機會，使非專家的經驗與證據在問題解決上有所貢獻，更是值得努力的方向。

O'Rourke（2003）的研究提醒我們，社區行動與公民參與往往才是驅動與落實環境管制充分且必要的條件。從這個觀點出發，制度的改善目標應致力於引進建設性的公民監督力量，例如，使公民科學成爲環境監督系統網絡之重要一環，或建置環境管制公民參與平台，賦予在地民眾更多參與監督的能力與發展對抗性論述的實力；以及在制度設計中更強調資訊民主與社區知情權的落實（杜文苓、李翰林，2011），與污染舉證責任反轉。透過制度的設計與安排，讓公民在監督過程中逐漸被賦能與賦權，使環境污染的監測不再獨尊冷冰冰的數據論證，而能更爲有機全面的考量在地方生活感知與經驗。

國際社群在最近一、二十年間，發展出結合公民科學與常民知識所建構的社區混合知識，在制度內外運作，嘗試衝擊傳統掌握科學與技術的權威力量，

正可能是打破上述台灣地方環境治理結構失衡問題，所需拉進思考的制度性關鍵因素，也是地方環境治理於網絡對象結盟與資源整合調配所需發展的想像途徑。如第一章提到Corburn（2005: 71）的美國紐約地區河川污染「街頭科學」研究，指出了美國環保署在評估食物中有毒物質累積時，往往採用美國東北部典型飲食型態作為資訊基礎。但這樣的預設受到紐約地區環境團體「守望人計畫」（Watchperson Project）的質疑，其認為評估中缺少考量直接食用受污染河川中魚類且不會英文的弱勢新移民飲食型態。地方團體的質疑與行動，促使美國環保署同意將附近捕魚的居民納入調查資料範圍，並將調查資料使用於風險累進暴露評估之中。

透過環境正義行動者對傳統健康風險評估的批判，[12]美國國家研究委員會（National Research Council）在1996年提出報告「理解風險：民主社會中的知情決策」（Understanding Risk: Informing Decisions in a Democratic Society）強調，新的評估程序必須包含來自公眾資訊的回饋，包括辨識與推進議題結果公平性的考量、建構多面向的資訊，以呈現效率、公平、環境永續等的不同價值取捨（tradeoffs）、審議決策所需的關鍵研究等指引。1997年美國環保署的「累進風險評估指南」（Cumulative-risk-assessment guidance），更要求政府單位在風險評估過程中必須確保公民或利害相關人有機會能夠協助界定環境或公共健康問題，理解有效資料如何在風險評估中被使用，並且能夠知道相關資料如何影響風險管理的決策。這些由草根倡議、形塑新的風險評估模式，與Jasanoff（2003）的「謙卑科技」為基礎的方法修正相互呼應。

除了「街頭科學」外，近幾年在美國以及世界其他20幾個國家，更發展出以社區為主的行動科學，或稱公民科學，使在地社會獲得一個擴充知識基礎與科學能力的機會，並從挑戰污染運動過程中建立出社區所屬的知識網絡。O'Rourke與Macey（2003: 406）討論美國加州與路易斯安納州的社區參與空氣

---

[12] 主要建立在專家的風險研究回顧，辨識出對健康風險的影響因子，並進行因子與健康影響之間的關連性研究。環境行動者則認為健康風險評估僅注重個人受到單一污染來源的影響，缺乏複合性風險的評估，無法充分反應真實生活狀況（Corburn, 2005: 91）。

監督計畫（bucket brigades），運用一種材料便捷、使用簡易而低成本的空氣收集桶，發展出社區志願網絡與小型組織的支援系統，即時協助社區居民與管制單位掌握傳統固定空氣監測所無法提供的更細緻與更精準的資訊。他們的研究指出，公部門了解自己運用傳統監測技術與能力的侷限，已進一步傷害了政府在社會的威信，而希望找尋新的方法重建其管制的正當性。雖然民間與官方對於資料蒐集、分析以及組織參與等還有許多歧見，但引進這類的公民科學技術後，促成了意外污染災害的減少。作者們認為，這類的公民空氣監測團隊計畫，不僅提供新的資訊來源，增進民眾社區意識，強化地方所主導之社區環境防護策略，更透過系統性空氣樣本採集的集體行動，促使工廠的空氣排放資訊更加透明，迫使企業負起污染責任，而環境監測的政策辯論，也從傳統技術性的風險取向，轉移到社區本身所定義的健康與生活品質論述。

　　而這種強調公民參與社區監督的技術，更在進入21世紀時被推廣到世界其他角落。Scott與Barnett（2009）研究南非德班的石化污染，發現國家的環境治理與管制回應強調以科學為基礎的政策取向，但常民累積有關污染的知識歷史，卻因官方不承認質性的敘事證據而被忽略，公民團體因而運用「公民科學」策略，將空污議題納入政治議程。在此，科學與常民知識在社會運動策略中被交替使用（如進入全球社區監測網絡，運用bucket brigades生產科學證據），也揭露與批判工業的污染排放與健康影響等問題；公民科學成為一個在社區審議過程中的有力說服工具，促成社區動員以及行動的正當性。他們的研究指出，這種結合公民科學（civic science）與常民知識（lay knowledge）所建構的社區混合知識（community hybrid knowledge），挑戰了傳統掌握科學與技術的權威力量，迫使國家與企業正視空污問題，並進一步重新界定了南非德班的污染問題。

　　Ottinger與Cohen（2012）認為，環保單位若願意投入資源協助公民科學的發展，除了提供社區居民更有系統的掌握污染狀況，要求污染者更謹慎的面對環境問題，深化社區科學環境教育與促進企業社會責任外，可透過更多元（且低成本）的方法，掌握污染樣貌，如平時監測儀器掌握不到的臨時大量排放問

題，使低門檻的科技民主參與，成為提升環境科學專業度與課責性之助力，使科學更能在政策過程中扮演解決問題的角色。而近幾年包括公共實驗室（public lab）的設置，[13]提供社區居民以低成本高品質的工具與技術監測環境污染問題，都可以看到公民科學發展、擴散的成果。

上述研究皆看到晚近發展的社區環境監督策略，嘗試回應傳統國家管控不力的限制，並思索打破公民參與環境檢測監督的技術門檻，主張奠基於科技民主的制度性規劃，可以豐富決策知識內涵，並增進科學專業知識的課責性與公共性。這類賦予社區參與環境監督管道與力量的策略，也促使公部門在健康風險評估的制度上，必須採取更開放的作法，檢視原有評估制度中隱而未顯的偏見，納入在地知識與強化公民參與，來修正傳統健康風險評估所看不到的問題。

社區監測公民科學的發展，指向一個新的環境政策知識典範，即環境決策相關知識並不限於傳統一種普世性科學評估數據等實證資料的生產，而更需要針對知識主張的適切性、相關性與中肯性，進行廣泛的汲取與分析式的論辯，這皆是健全環境評估知識建構不可或缺的一環。在此，促進社區知情與科學公共化的公民參與計畫，在增進環境政策知識內涵上扮演了貢獻性的角色，一方面豐富決策所需的社會價值的辯證探討，另一方面也帶入了系絡化的在地知識、經驗與智慧，促進科學專業知識的課責性與公共性。

不過，我們也必須注意，公眾參與風險評估的建設性角色，並非想當然爾地自然存在。Levidow（2007）提醒我們，對於公眾在環境議題上的想像與診斷，會影響著參與式評估的目標與設計。一些參與式的程序設計，往往將風險界定成技術性，而非更廣的問題探究。這樣的設計將社會的未來簡化成科學議題，便於專家扮演最重要的評估角色，對於解決爭議或相關政策知識建構仍有侷限。O'Rourke與Macey（2003）也主張，環保行政單位可在社區參與環境監督工作中扮演關鍵性的角色，例如在經費、技術訓練、採樣品質保證、提

---

[13] 有關公共實驗室的相關資訊，可參閱其網站http://publiclab.org/。

供社區參與監督合法性的地位，以及肯認官民協力策略上提供協助。若政府的評估與管制政策沒有連結上社區參與的努力，再好的公民參與技術（如bucket brigades），也只能被扭曲爲改善非常態性意外事件，而無法致力於重塑制度性的問題修正。

這也提醒我們，要讓公民科學在台灣有生根茁壯的機會，需要在現行政策場域上打破知識藩籬，協助公眾共創知識（co-production）。雖然整體而言，台灣環境決策模式仍獨奉科學專家主義，排除地方生活感知與經驗知識，呈現如Jasanoff（1990）所批判的僅與科學社群建立連結的傳統技術官僚決策模式。不過，本書前面幾章所揭示的環境爭議案例，過程中不乏看到獨立學術研究與地方社會的合作，提出問題與數據，對比環評之中開發單位自我評估的結果，促成各方的「科學宣稱」必須承受更多社會檢視與問題釐清的機會。而只要環保行政單位還抱持單向度風險治理態度，不願在環境治理層面深化公民參與與資訊民主，進行結構性的治理轉型，可預期的未來，在問題無法解決、風險越演越劇（如高雄的石化氣爆災難），民眾抗議、倡議不斷的情況下，公民科學的策略推動將是未來民間團體的必要選擇，以拿回社區的環境詮釋權，衝破單向度的貧乏治理困境。

三、落實環境民主的風險溝通

第六章我們看到了核能科技官僚致力於核能安全風險溝通的努力，也從溝通設計的程序面與實質面，以及科技官僚風險溝通認知的分析，討論溝通效能何以不彰的窘境。有關風險溝通的理論辯證與好的實踐途徑，前一章已稍加著墨。但風險溝通作爲環境民主實踐的根基，本章希望結合「治理轉型」與「知識合產」的論述，強調風險溝通於環境決策中應扮演的角色，以及相關制度配套的課題。

首先，要使風險溝通在民主決策程序中扮演要角，政府機關（尤其是科技

技術單位）需要認知到，風險溝通絕非是風險公關，亦即投入資源運用於公關技巧，講究高明的話術來進行單向的公眾說服。風險溝通在資源與資訊上必須是雙向而對等，如果只是注入資源進行單向強勢的教化宣導，只會讓沒有資源的一方更加排拒與不平，而喪失真正溝通的意義與契機。

政府更應瞭解，風險溝通的最終目標，是協助利害關係人和公眾瞭解在風險基礎上決策的理由，並達到一個平衡的判斷，以反映出與其利益和價值觀有關的既有事實證據。要做好風險溝通，需要幫助所有受影響的人士，對於其所關注的事宜作出明智的選擇，而非試圖說服他人什麼是該做（或正確）的事情。換言之，風險溝通主要目的是提供人們所需之洞察力，協助其做出反映現有知識和人們偏好的決定或判斷。

其次，為達到良好的溝通目的，政府必須投入包括人力與物力等資源，規劃平等互惠的風險溝通機制與行政程序，塑造出更開放、平等的對話環境，讓風險溝通的成果成為政策回饋中的一環。而良好的程序設計，也會使溝通機制與相關政策的正當性提升。相關機制、程序的設立，可參考Elster（1997）所提的幾項原則：包括1.公眾論理（public reasoning），強調充分的事前準備與對話，以及新觀點的加入與整合；2.開放管道（open access），重視資訊透明與參與管道的可及性；3.有意義的參與（meaningful participation），要求提供各方平等且充分參與的機會，包括對於弱勢利害相關人的資源協助與適度培力；4.以集體產出決策成果為目標（collective results-oriented），尊重目標開放的討論共識，以及融合各方想法與考量的整合性結論；5.建立互信（building mutual trust），可透過設立公正仲裁者與政策問責制度，避免過度承諾等來強化信任。

好的風險溝通機制設計原則，與前小節所提，於台灣實踐的各種公共審議機制欲達成之目標密切相關，也與公民科學所念茲在茲的社區培力緊密扣合。行政單位必須認真思考創造一個可以促進各方對話的制度環境，並透過具包容性與對話性的參與形式設計，鼓勵利害關係人提出看法與其背後的價值論述，進而在互信互重的氛圍下，共同尋求眾可接受的解決方案。

　　由此可見，風險溝通的落實需要對公民參與有更深入的認識，以及對於相關程序作業有更細緻的考量與規劃。例如，不同的目標設定，會影響到公眾參與和對話的時機點。如果目的是要瞭解風險及其影響，在風險鑑定和評估開始階段，就須納入不同專業領域者的參與及對話；又如，若要建立可以被社會接受的風險標準，需要納入公眾及相關利害關係人參與討論，作爲決策的基礎。此外，相關參與者的邀請，以及會議性質的設定等，也需要全面審酌。風險管理者必須對潛在參與者的需要與感受有敏感度，並致力於在效率性和開放性之間尋求適當平衡（Chess et al., 1998）。

　　Renn（2010: 92）特別建議在風險管理決策過程中，應邀請包括相關風險領域中有特別專業知識或相關經驗者（其他行業、大學和非政府組織的專家）、被決策產生之風險影響到的不同團體代表（業界、零售商、消費者保護團體、環保團體等）、可能受到決策結果直接影響者（一般消費者、在地居民），以及可以代表那些被排除在外或未能出席者（如動物或下一世代），一起來討論，以協助風險管理決策。他認爲，不管是科學專業的門外漢或持相反觀點的專家，她／他們在特定問題中都應被視爲潛在的同儕，共同爲定義問題與尋求解方而努力，同時也應相信一些利害關係人對在地知識與問題的理解，可以補充科學知識的不足。

　　最後，值得一提的是，事業單位和政府機構對風險的處理作法與態度，攸關公眾對於風險管制機構的信任。然而，建立與贏得信任是一項複雜的任務，難以藉由機械式的操作指示（如宣稱有同理心或單向宣告相關資訊）可以達成。信任的產生並沒有簡單的公式，通常會隨著經驗累積信賴感。例如，讀者熟悉的食品大廠頂新，在一次次食安危機中信用破滅，難以挽回商譽；而義美則在多次風暴中讓消費者產生高度的信賴感。在此特別指出，信任是風險溝通產生效果的關鍵因素之一，而建立公共信任需要在一次次溝通中聆聽、理解公眾關心的事務，並對其提問充分回應與展現課責性。同時要明瞭，提供資訊並不足以建立或維持信任，信任的氛圍需要系統性的反饋與對話（Morgan et al., 2002）。

第四節　呼喚新型態的公共治理典範

本書所討論的台灣環境研究分析顯示，民間社會有能力提供解決當代複雜風險課題的強健知識，但卻缺乏有效的制度性管道，促進知識與決策參與的民主化。而這個制度性落差，除了降低公民社會對政府的信任外，也加深公民對體制的衝撞。但更令人擔憂的是，當政府因為偏聽偏視，失去了看見問題、解決問題的能力時，整個社會可能面對更加嚴峻的風險災變。君不見，近年重大風險事件層出不窮，日月光毒害後勁溪事件尚未落幕，石化管線氣爆已占據版面；塑化劑、毒澱粉事件還未充分究責，餿水油、飼料油卻早已充斥於台灣大大小小食品中，讓人躲都躲不掉。工業油、食物油混用、工業管線與住宅管線混搭，遠離了工業區，並沒有避險的保障，Beck所述的風險社會特質，就這樣結結實實的在台灣全方位展開，橫掃台灣每一個角落，但我們現今的公共治理卻似乎一籌莫展。遠的不說，就本書第五章所揭露的六輕VOCs排放數據之謎，至今尚未釐清，附近學童罹癌風險證實增高，但六輕擴廠持續，環境影響評估審查照樣放行。

這些事件背後，我們看到政府破碎式的個案處理，缺乏系統性治理轉型的決心。風險評估系統、管制科學的生產、面對公民社會挑戰的回應等，無不顯現出崇奉專家治理的傲慢，而無視於自己對風險預防知識的有限掌握。本書並直剖「重視科學證據」與「依法行政」宣稱中的政策偏見，指出忽視科學的政治社會性，將使科學淪於政治詮釋操作的工具，除了傷害科學與法治的威信，更會使風險爭議加劇，重創環境正義的實踐。

在這個風險危機四伏的時刻，我們亟需治理轉型的自覺。本章所提出來的新型態的公共治理策略，是從一種破碎化、個案化的風險認知，線性式、專家威權式的管理模型，轉換到系統性、有機性，重視參與式、審議式的政策分析評估模型，強化面對複雜未知風險課責性的途徑。毫無疑問地，我們需要擴充政策方法學，提供專家與非專家的連結機會，協助科學進行更切合在地需求的研究，來因應與解決所知有限的科技風險問題；我們需要更民主更透明的行政

作業程序，以更廣泛、整合性的方式，來幫助我們更為切確的掌握環境問題，並從動態集體的學習過程中，思索出解決之道。或許，在凝視環境社會的永續性目標時，我們可以拋棄短視近利、輕忽風險的發展態度，而為奠定世代生存根基，進行一場制度性的革命而努力！

參考書目

西文部分

Andrews, Kenneth T. and Bob Edwards (2005). The Organizational Structure of Local Environmentalism. *Mobilization: An International Journal*, Vol. 10, No. 2: 213-234.

Ascher, William, Toddi Steelman and Robert Healy (2010). *Knowledge and Environmental Policy: Reimagining the Boundaries of Science and Politics*. Cambridge, MA: The MIT Press.

Backstrand, Karin (2003). Civic Science for Sustainability: Reframing the Role of Experts, Policy-Makers and Citizens in Environmental Governance. *Global Environmental Politics*, Vol. 3, No. 4: 24-41.

Barber, Walter F. and Robert V. Bartlett (2005). *Deliberative Environmental Politics. Cambridge*, MA: The MIT Press.

Bernstein, Marvin H. (1955). *Regulating Business by Independent Commission.* Princeton, NJ: Princeton University Press.

Bickerstaff, Karen, Nick Pidgeon, Irene Lorenzoni and Mavis Jones (2010). Locating Scientific Citizenship: The Institutional Contexts and Cultures of Public Engagement. *Science, Technology & Human Values*, Vol. 35, No. 4: 474-500.

Bimber, Bruce A. (1996). *The Politics of Expert Advice in Congress.* New York: State University of New York Press.

Brown, Mark B. (2009). *Science in Democracy: Expertise, Institutions, and Representation.* Cambridge, MA: the MIT Press.

Bucchi, Massimiano and Federico Neresini (2007). Science and Public Participation. In *Handbook of Science and Technology Studies*, edited by Edward J. Hackett, Olga Amsterdamska, Michael Lynch, and Judy Wajcman (pp. 448-472). Cambridge, MA: The MIT Press.

Chess, Caron, Thomas Dietz, and Margaret Shannon (1998). Who Should Deliberate When? *Human Ecology Review*, Vol. 5, No.1: 60-68.

Chilvers, Jason (2008). Deliberating Competence: Theoretical and Practitioner Perspectives on Effective Participatory Appraisal Practice. *Science, Technology, & Human*

Values, Vol. 33, No. 2: 155-185.

Clarke, Lee, Caron Chess, Rachel Holmes, and Karen M. O'Neill (2006). Speaking with One Voice: Risk Communication Lessons from the US Anthrax Attacks. *Journal of Contingencies and Crisis Management*, Vol. 14, No.3: 160-169.

Collingridge, David and Colin Reeve (1986). *Science Speaks to Power: The Role of Experts in Policy Making.* New York : St. Martin's Press.

Conrad, Cathy C. and Krista G. Hilchey (2011). A Review of Citizen Science and Community-based Environmental Monitoring Issues and Opportunities. *Environmental Monitoring and Assessment*, Vol. 176, No. 1-4: 273-291.

Corburn, Jason (2005). *Street Science: Community Knowledge and Environmental Health Justice.* Cambridge: The MIT Press.

Corvellec, Hervé and Boholm, Åsa (2008). The Risk/no-risk Rhetoric of Environmental Impact Assessments (EIA): the Case of Offshore Wind Farms in Sweden. *Local Environment*, Vol. 13, No. 7: 627-640.

Davis, Debra L. (2002). *When Smoke Ran Like Water: Tales of Environmental Deception and the Battle Against Pollution.* New York, NY: Basic Books.

deLeon, Peter (1997). *Democracy and the Policy Sciences.* Albany, NY: SUNY.

Douglas, Heather (2005). Inserting the Public into Science. *Democratization of Expertise?* edited by Sabine Maasen and Peter Weingart. *Sociology of the Sciences Yearbook,* Vol. 24: 153-169.

Douglas, Mary and Aaron Wildavsky (1982). *Risk and Culture: An Essay on the Selection of Technical and Environmental Dangers.* Berkeley and Los Angeles, CA: University of California Press.

Dunn, William N. (1993). Policy Reforms as Arguments. In *The Argumentative Turn in Policy Analysis and Planning,* edited by Frank Fischer and John Forester (pp. 254-290). London: UCL.

Dye, Thomas R. (2004). *Understanding Public Policy.* Upper Saddle River, N.J: Prentice Hall.

Elster, Jon (1997). The Market and the Forum: Three Varieties of Political Theory. In *Debates in Contemporary Political Philosophy: An Anthology*, edited by Derek Matravers and Jonathan E. Pike (pp. 128-142). Oxford: Blackwell.

Fiorino, Daniel J. (1990). Citizen Participation and Environmental Risk: A Survey of Institutional Mechanism. *Science, Technology, & Human Values*, Vol. 15, No. 2: 226-243.

Fischer, Frank (1990). *Technocracy and the Politics of Expertise.* Newbury Park, CA: Sage Publications.

Fischer, Frank (1993). Citizen Participation and the Democratization of Policy Expertise: From Theoretical Inquiry to Practical Cases. *Policy Sciences*, Vol. 26: 165-187.

Fischer, Frank (1995). Hazardous Waste Policy, Community Movements and the Politics of NIMBY: Participatory Risk Assessment in the USA and Canada. In *Greening Environmental Policy: The Politics of a Sustainability Future,* edited by Frank Fischer and Michael Black (pp. 165-182). London, United Kingdom: Paul Chapman Publishing Ltd.

Fischer, Frank (2000). *Citizens, Experts, and the Environment: The Politics of Local Knowledge.* Durham: Duke University Press.

Fischer, Frank (2003a). *Reframing Public Policy: Discursive Politics and Deliberative Practices.* New York, NY: Oxford University Press.

Fischer, Frank (2003b). Beyond Empiricism: Policy Analysis as Deliberative Practice. In *Deliberative Policy Analysis: Understanding Governance in the Network Society,* edited by Maarten A. Hajer and Hendrik Wagenaar (pp. 209-227). Cambridge, United Kingdom: Cambridge University Press.

Fischer, Frank (2003c). Policy Analysis as Discursive Practice: The Argumentative Turn. In *Reframing Public Policy: Discursive Politics and Deliberative Practices* (pp. 181–203). New York, NY: Oxford University Press.

Fischer, Frank (2004). Citizens and Experts in Risk Assessment: Technical Knowledge in Practical Deliberation. *Technikfolgenabschätzung*, Vol. 2, No. 13: 90-98.

Fischer, Frank (2009). *Democracy and Expertise.* New York, NY: Oxford University Press.

Frickel, Scott and Kelly Moore (2006). Prospects and Challenges for a New Political Sociology of Science. In *The New Political Sociology of Science: Institutions, Networks, and Power,* edited by Scott Frickel and Kelly Moore (pp. 3-31). Madison, WI: University of Wisconsin Press.

Frickel, Scott, Sahra Gibbon, Jeff Howard, Joanna Kempner, Gwen Ottinger, and David J. Hess (2010). Undone Science: Charting Social Movement and Civil Society Challenges to Research Agenda Settings. *Science, Technology, & Human Values*, Vol. 35, No. 4: 444-473.

Funtowicz, Silvio O. and Jerome R. Ravetz (1992). Three Types of Risk Assessment and the Emergence of Post-normal Science. In *Social Theories of Risk*, edited by Sheldon Krimsky and Dominic Golding (pp. 251-273). Westport, Connecticut: Praeger.

Gross, Matthias (2007). The Unknown in Process: Dynamic Connections of Ignorance, Non-Knowledge and Related Concepts. *Current Sociology*, Vol. 55, No. 5: 742-759.

Hamlett, Patrick W. (2003). Technology, Theory and Deliberative Democracy. *Science Technology & Human Values*, Vol. 28: 112-140.

Hayenhjelm, Madeleine (2006). Asymmetries in Risk Communication. *Risk Management*, Vol.8, No. 1: 1-15.

Hecht, Gabrielle (2009). *The Radiance of France: Nuclear Power and National Identity after World War II*. Cambridge, MA: The MIT Press.

Heinrichs, Harald (2005). Advisory Systems in Pluralistic Knowledge Societies: A Criteria-Based Typology to Assess and Optimize Environmental Policy Advice. *Democratization of Expertise?* edited by Sabine Maasen and Peter Weingart. *Sociology of the Sciences Yearbook,* Vol. 24: 41-46.

Hess, David J. (2007). *Alternative Pathways in Science and Industry Activism, Innovation, and the Environment in an Era of Globalizaztion.* Cambridge, MA: The MIT Press.

Hinchliffe, Steve (2001). Indeterminacy In-Decisions: Science, Policy and Politics in the BSE (Bovine Spongiform Encephalopathy) Crisis. *Transactions of the Institute of British Geographers*, Vol. 26, NO. 2: 182-204.

Hsu, Shih-Chieh, Hwey-Lian Hsieh, Chang-Po Chen, Chun-Mao Tseng, Shou-Chung Huang, Chou-Hao Huang, Yi-Tang Huang, Vasily Radashevsky, and Shuen-Hsin Lin (2011). Tungsten and other Heavy Metal Contamination in Aquatic Environments Receiving Wastewater from Semiconductor Manufacturing. *Journal of Hazardous Materials*, Vol. 189: 193-202.

Irwin, Alan (1995). *Citizen Science: A Study of People, Expertise and Sustainable Devel-*

opment. New York, NY: Routledge.

Irwin, Alan, Alison Dale and Denis Smith (1996). Science and Hell's Kitchen. In *Misunderstanding Science?: The Public Reconstruction of Science and Technology,* edited by Alan Irwin and Brian Wynne (pp. 47-64). New York, NY: Cambridge University Press.

Jasanoff, Sheila (1990). *The Fifth Branch: Science Advisers as Policymakers.* Cambridge, MA: Harvard University Press.

Jasanoff, Shelia (1995). Procedural Choices in Regulatory Science. *Technology in Society,* Vol. 17, No. 3: 279-293.

Jasanoff, Shelia (2003). Technologies of Humility: Citizen Participation in Governing science. *Minerva,* Vol. 41: 223-244.

Jasanoff, Shelia (2004a). *States of Knowledge: The Co-production of Science and the Social Order.* New York, NY: Routledge.

Jasanoff, Shelia (2004b). Science and Citizenship: A New Synergy. *Science and Public Policy,* Vol. 31, No. 2: 90-94.

Jasanoff, Sheila, and Sang-Hyun Kim (2009). Containing the Atom: Sociotechnical Imaginaries and Nuclear Power in the United States and South Korea. *Minerva,* Vol. 47, No. 2: 119-146.

Jasanoff, Sheila (2012). *Science and Public Reason.* New York, NY: Routledge.

Kao, Shu-Feng (2012). EMF Controversy in Chigu, Taiwan: Contested Declarations of Risk and Scientific Knowledge have Implications for Risk Governance. *Ethics in Science and Environmental Politics,* Vol. 12: 81-97.

Keller, Ann Campbell (2009). *Science in Environmental Policy: The Politics of Objective Advice.* Cambridge, Mass: MIT Press.

Kleinman, Daniel L. and Steven P. Vallas (2006). Contradiction in Convergence: Universities and Industry in the Biotechnology Field. In *The New Political Sociology of Science: Institutions, Networks, and Power,* edited by Scott Frickel and Kelly Moore (pp. 35-62). Madison: University of Wisconsin Press.

Klinke, Andreas and Ortwin Renn (2002). A New Approach to Risk Evaluation and Management: Risk Based, Precaution Based, and Discourse Based Strategies. *Risk Analysis,* Vol. 22, No. 6: 1071-1094.

Kooiman, Jan. (2003). *Governing as Governance.* London: Sage Publication.

LaDou, Joseph (2006). Occupational Health in the Semiconductor Industry. In *Challenging the Chip: Labor Rights and Environmental Justice in the Global Electronics Industry,* edited by Ted Smith, David Sonnenfeld, and David Pellow (pp. 31-42). Philadelphia, PA: Temple University Press.

Lambert, Barrie (2002). Radiation: Early Warnings; Late Effects. In *Late Lessons from Early Warnings: the Precautionary Principle 1896-2000,* edited by Poul Harremoes, David Gee, Malcolm MacGarvin, Andy Stirling, Jane Keys, Brian Wynne and Sofia Guedes Vaz (pp. 31-37). Luxembourg: European Environment Agency.

Latour, Bruno (2004). *Politics of Nature: How to Bring the Sciences into Democracy.* Cambridge, MA: Harvard University Press.

Levidow, Les (2007). European Public Participation as Risk Governance: Enhancing Democratic Accountability for Agbiotech Policy? *East Asian Science, Technology and Society: an International Journal,* Vol. 1, No. 1: 19-51.

Leydesdorff, Loet and Janelle Ward (2005). Science Shops: A Kaleidoscope of Science-society Collaborations in Europe. *Public Understanding of Science*, Vol. 14: 353-372.

Limoges, Camille (1993). Expert Knowledge and Decision-making in Controversy Contexts. *Public Understanding of Science*, Vol. 2, No. 4: 417-426.

Maasen, Sabine and Peter Weingart (2005). What's New in Scientific Advice to Politics? In *Democratization of Expertise?* edited by Sabine Maasen and Peter Weingart. *Sociology of the Sciences Yearbook,* Vol. 24: 1-19.

Martin, Brian and Evellen Richards (1995). Scientific Knowledge, Controversy, and Public Decision Making. In *Handbook of Science and Technology Studies*, edited by Sheila Jasanoff, Gerald E. Markle, James C. Peterson, and Trevor Pinch (pp. 506-26). Newbury Park, California: Sage.

Michaels, David and Celeste Monforton (2005). Manufacturing Uncertainty: Contested Science and the Protection of the Public's Health and Environment. *American Journal of Public Health*, Vol. 95, No. 1: S39-S48.

Michaels, David (2008). *Doubt is Their Product: How Industry's Assault on Science Threatens Your Health.* New York, NY: Oxford University Press.

Moore, Kelly (2006). Powered by the People: Scientific Authority in Participatory Science. In *The New Political Sociology of Science,* edited by Scott Frickel and Kelly Moore (pp. 299-326). Madison, WI: University of Wisconsin Press.

Morgan, Granger M., Barich Fishhoff, Ann Bostrom, and Cynthia J. Atmann (2002). *Risk Communication. A Mental Model Approach.* Cambridge, United Kingdom: Cambridge University Press.

Nali, Cristina and Giacomo Lorenzini (2007). Air Quality Survey Carried Out by Schoolchildren: An Innovative Tool for Urban Planning. *Environmental Monitoring Assessment*, Vol. 131: 201-210.

Nelkin, Dorothy (1975). The Political Impact of Technical Expertise. *Social Studies of Science*, Vol. 5, No. 1: 35-54.

Nowotny, Helga (2003). Democratising Expertise and Socially Robust Knowledge. *Science and Public Policy*, Vol. 30, No. 3: 151-156.

Nowotny, Helga, Peter Scott and Michael T. Gibbons (2001). *Re-Thinking Science: Knowledge and the Public in an Age of Uncertainty*. Malden, MA: Blackwell Publishers.

O'Rourke, Dara (2003). *Community-Driven Regulation: Balancing Development and the Environment in Vietnam.* Cambridge, MA: The MIT Press.

O'Rourke, Dara and Gregg P. Macey (2003). Community Environmental Policing: Assessing New Strategies of Public Participation in Environmental Regulation. *Journal of Policy Analysis and Management*, Vol. 22, No. 3: 383-414.

Ottinger, Gwen and Benjamin Cohen (2012). Environmentally Just Transformations of Expert Cultures: Toward the Theory and Practice of a Renewed Science and Engineering. *Environmental Justice*, Vol. 5, No. 3: 158-163.

Otway, Harry and Brian Wynne (1989). Risk Communication: Paradigm and Paradox. *Risk Analysis*, Vol. 9, No. 2: 141-145.

Overdevest, Christine and Brian Mayer (2008). Harnessing the Power of Information Through Community Monitoring Insights from Social Science. *Texas Law Review*, Vol. 86, No. 7: 14-93.

Parkinson, John and Alex Bavister-Gould (2009). Judging Macro-Deliberative Quality. Paper presented to the Democracy and the Deliberative Society Conference. The

King's Manor, University of York.

Perrow, Charles (2011). Fukushima and the Inevitability of Accidents. *Bulletin of the Atomic Scientists*, Vol. 67, No. 6: 44-52.

Petts, Judith and Simon Niemeyer (2004). Health Risk Communication and Amplification: Learning from the MMR Vaccination Controversy. *Health, Risk and Society*, Vol. 6, No. 1: 7-23.

Pielke, Roger A. (2007). *The Honest Broker: Making Sense of Science in Policy and Politic.* New York, NY: Cambridge University Press.

Plough, Alonzo and Sheldon Krimsky (1987). The Emergence of Risk Communication Studies: Social and Political Context. *Science, Technology & Human Values*, Vol. 12, No.3/4: 4-10.

Pollock, Rebecca M. and Graham S. Whitelaw (2005). Community-Based Monitoring in Support of Local Sustainability. *Local Environmental*, Vol. 10, No. 3: 211-228.

Rampton, Sheldon and John Stauber (2001). *Trust US, We are Experts!-How Industry Manipulates Science and Gambles with Your Future.* Los Angels, CA: Tarch

Primack, Joel and Frank von Hippel (1974). *Advice and Dissent : Scientists in the Political Arena.* New York, NY : Basic Books.

Renn, Ortwin (1999). A Model for an Analytic-Deliberative Process in Risk Management. *Environmental Science & Technology*, Vol. 33, No. 18: 3049-3055.

Renn, Ortwin (2003). Hormesis and Risk Communication. *Human and Experimental Toxicology*, Vol. 22: 3-24.

Renn, Ortwin (2005). Risk Perception and Communication: Lessons for the Food and Food Packaging Industry. *Food Additives and Contaminants*, Vol. 22, No. 10: 1061-1071.

Renn, Ortwin (2008). *Risk Governance: Coping with Uncertainty in a Complex World.* London, United Kingdom: Earthscan.

Renn, Ortwin (2010). Risk Communication: Insights and Requirements for Designing Successful Communication Programs on Health and Environmental Hazards. In *Handbook of Risk and Crisis Communication,* edited by Robert L. Heath and H. Dan O'Hair (pp. 80-98). New York, NY: Routledge.

Ridley, M. Rosalind and Harry Baker (1998). *Fatal Protein: The Story of CJD, BSE and*

Other Prion Diseases. New York, NY: Oxford University Press.

Rushefsky, E. Mark (1986). *Making Cancer Policy.* Albany, NY: State University of New York Press.

Salter, Loira (1988). *Mandated Science.* Boston, MA: Kluwer Academic Publishers

Sarewitz, Daniel (2000). Science and Environmental Policy: An Excess of Objectivity. In *Earth Matters: The Earth Sciences, Philosophy, and the Claims of Community,* edited by Robert Frodeman (pp. 79-98). Upper Saddle River, NJ: Prentice Hall.

Sarewitz, Daniel (2004). How Science Makes Environmental Controversies Worse. *Environmental Science and Policy*, Vol. 7, No. 5: 385-403.

Schneider, Anne L., Helen Ingram and Peter deLeon (2007). Social Construction and Policy Design. In *Theories of the Policy Process*, edited by Paul A. Sabatier (pp. 93-126). Boulder, CO: Westview Press.

Scotta, Dianne and Clive Barnett (2009). Something in the Air: Civic Science and Contentious Environmental Politics in Post-apartheid South Africa." *Geoforum*, Vol. 40, No. 3: 373-382.

Sirianni, Carmen (2009). *Investing in Democracy: Engaging Citizens in Collaborative Governance.* Washington, D.C. : Brookings Institution Press.

Slovic, Pual (1987). Perception of Risk. *Science*, Vol. 236, No. 4799: 280-285.

Slovic, Pual (1999). Trust, Emotion, Sex, Politics, and Science: Surveying the Risk-Assessment Battlefield. *Risk Analysis*, Vol. 19, No. 4: 689-701.

Tesh, Sylvia Noble (2001). *Uncertain Hazards: Environmental Activists and Scientific Proof.* Ithaca, NY: Cornell University Press.

Torgerson, Douglas (1986). Between Knowledge and Politics: Three Faces of Policy Analysis. *Policy Sciences*, Vol. 19, No. 1: 33-59.

Tu, Wen-Ling and Yu-Jung Lee (2009). Ineffective Environmental Laws in Regulating Electronic Manufacturing Pollution: Examining Water Pollution Disputes in Taiwan. *Proceedings of the 2009 International Symposium on Sustainable Systems and Technology (ISSST)*, Phoenix, AZ: IEEE-ISSST, 18-20 May 2009.

Uggla, Ylva (2008). Strategies to Create Risk Awareness and Legitimacy: the Swedish Climate Campaign. *Journal of Risk Research*, Vol. 11, No.6: 719-734.

Wagenaar, Hendrik and S. D. Noam Cook (2003). Understanding Policy Practices: Action, Dialectic and Deliberation in Policy Analysis. In *Deliberative Policy Analysis: Understanding Governance in the Network Society,* edited by Maarten A. Hajer and Hendrik Wagenaar (pp. 139-71). Cambridge, United Kingdom: Cambridge University Press.

Waterton, Claire and Brian Wynne (2004). Knowledge and Political Order in the European Environmental Agency. In *States of Knowledge: The Co-Production of Science and the Social Order,* edited by Sheila Jasanoff (pp. 87-108). New York, NY: Routledge.

Weingart, Peter (1999). Scientific Expertise and Political Accountability: Paradoxes of Science in Politics. *Science and Public Policy*, Vol. 26, No. 3: 151-61.

Wilson, David and Chris Game (2006). *Local government in the United Kingdom.* New York, NY: Palgrave Macmillan.

Winner, Langdon (1986). *The Whale and the Reactor: A Search for Limits in an Age of High Technology.* London, United Kingdom: The University of Chicago Press.

Wu, Ben-Zen, Tien-Zhi Feng, Usha Sree, Kong-Hwa Chiu, and Jiunn-Guang Lo (2006). Sampling and Analysis of Volatile Organics Emitted from Wastewater Treatment Plant and Drain System of an Industrial Science Park. *Analytica Chemica Acta*, Vol. 576: 100-111.

Wynne, Brian (1987). May the Sheep Safely Graze? A Reflexive View of the Expert-lay Knowledge Divide. In *Risk, Environment & Modernity*, edited by Scott M. Lash, Bronislaw Szerszynski, and Brian Wynne (pp. 45-83). London, United Kingdom: Sage.

Wynne, Brian (1991). Sheep Farming after Chernobyl: A Case Study in Communicating Scientific Information. In *When Science Meets the Public*, edited by Bruce V. Lewenstein (pp. 43-68). Washington, D.C.: American Association for the Advancement of Science.

Wynne, Brian (1992). Misunderstood Misunderstanding: Social Identities and Public Uptake of Science. *Public Understanding of Science*, Vol. 1, No. 3: 281-304.

Wynne, Brian (1996). Misunderstood Misunderstandings: Social Identities and the Public Uptake of Science. In *Misunderstanding Science? The Public Reconstruction of Science and Technology,* edited by Alan Irwin and Brian Wynne (pp. 19-46). Cambridge, United Kingdom: Cambridge University Press.

Wynne, Brian (2001). Creating Public Alienation: Expert Cultures of Risk and Ethics on GMOs. *Science as Culture*, Vol. 10, No. 4: 445-481.

Wynne, Brian (2002). In Risk Assessment, One Has to Admit Ignorance. *Nature*, Vol. 416, No. 3: 123.

Wynne, Brian (2007a). Public Participation in Science and Technology: Performing and Obscuring a Political–Conceptual Category Mistake. *East Asian Science, Technology and Society*, Vol. 1, No. 1: 99-110.

Wynne, Brian (2007b). Risky Delusions: Misunderstanding Science and Misperforming Publics in the GE Crops Issue. In *Genetically Engineered Crops: Interim Policies, Uncertain Legislation,* edited by Iain. E. P. Taylor (pp. 341-372). Binghamton, NY: Haworth Press.

Yearley, Steve and Steve Cinderby (2003). Participatory Modeling and the Local Governance of the Politics of UK Air Pollution: A Three-city Case Study. *Environmental Values*, Vol. 12, No. 2: 247-262.

Yearley, Steve (2006). Bridging the Science-Policy Divide in Urban Air-Quality Management: Evaluating Ways to Make Models More Robust through Public Engagement. *Environment and Planning C: Government and Policy*, Vol. 24, No. 5: 701-714.

中文部分

王光聖（1995）。〈六輕石化工業區大氣環境影響的再評估〉。台北市：國立臺灣大學公共衛生學研究所碩士學位論文。

王迺宇（2006）。〈永續發展下之無牙老虎？我國環境影響評估法的檢討〉。《靜宜人文社會學報》1：79-110。

王毓正（2010）。〈我國環評史上首例撤銷判決：環評審查結論經撤銷無效抑或無效用之判決？〉。《台灣法學雜誌》149：145-158。

王鴻濬（2001）。〈環境影響評估制度中公眾參與之設計與分析〉。《中華林學季刊》34（1）：73-84。

丘昌泰（1995）。《台灣環境管制政策》。台北市：淑馨出版社。

朱元鴻（1995）。〈風險知識與風險媒介的政治社會學分析〉。《台灣社會研究季刊》19：195-224。

朱道凱（譯），Deborah Stone（原著）（2007）。《政策弔詭：政治決策的藝術》。台北市：群學。

朱斌妤、李素真（1998）。〈環境影響評估中民眾參與制度之檢討〉。《中國行政評論》8（1）：85-114。

江大樹（2006）。《邁向地方治理－議題、理論與實務》。台北市：元照。

行政院環保署（2014）。《保護環境的公民進行式：環境政策via公民參與》。台北市：行政院環保署。

汪皓（譯），Ulrich Beck（原著）（2004）。《風險社會－通往另一個現代的路上》。台北市：巨流。(Ulrich Beck [2004]. Risikogesellschaft: Auf dem Weg in eine andere Moderne. German: Suhrkamp Verlag).

呂育誠（2001）。《地方政府管理－結構與功能的分析》。台北市：元照。

杜文苓（2009）。〈高科技污染的風險論辯：環境倡議的挑戰〉。《臺灣民主季刊》6（4）：101-139。

杜文苓（2010）。〈環評決策中公民參與的省思：以中科三期開發爭議為例〉。《公共行政學報》35：29-60。

杜文苓（2011）。〈環境風險與科技政治：檢視中科四期環評爭議〉。《東吳政治學報》29（2）：57-110。

杜文苓、李翰林（2011）。〈環境資訊公開的民主實踐課題〉。《臺灣民主季刊》8（2）：59-98。

杜文苓、施佳良（2014）。〈環評知識的政治角色：檢視六輕健康風險評估爭議〉。《臺灣民主季刊》11（2）：91-138。

杜文苓、施佳良、蔡宛儒（2014）。〈傳統農業縣的石化課題：檢視六輕環境爭議與治理困境〉。《臺灣土地研究》17（1）：59-90。

杜文苓、施麗雯、黃廷宜（2007）。〈風險溝通與民主參與：以竹科宜蘭基地之設置為例〉。《科技、醫療與社會》5：71-107。

杜文苓、彭渰雯（2008）。〈社運團體的體制內參與及影響－以環評會與婦權會為例〉。《臺灣民主季刊》5（1）：119-48。

李佳達（2009）。〈我國環境影響評估審查制度之實證分析〉。新竹市：國立交通大學科技法律研究所碩士論文。

李建良（1988）。〈環境議題的形成與國家任務的變遷〉。收錄於城仲模教授六秩華誕祝壽論文集編輯委員會編，《憲法體制與法治行政》，頁275-342。台北

市：三民。

李建良（2004）。〈環境行政程序的法治與實務－以「環境影響評估法」為中心〉。《月旦法學雜誌》104：45-67。

李建良（2010）。〈中科環評的法律課題－台灣法治國的淪喪與危機〉。《台灣法學雜誌》149：17-28。

林宗德（譯），Sergio Sismondo（原著）（2007）。《科學與技術研究導論》。台北市：群學。

林建龍（2003）。〈六輕問題與地方政府因應作為：網絡府際管理之觀點〉。台中市：東海大學政治學系碩士學位論文。

林聖慧（1990）。〈民眾參與政策議程建立過程之研究——宜蘭縣反六輕個案之分析〉。台北市：國立政治大學公共行政研究所碩士學位論文。

林崇熙（2000）。〈從兩種文化到「科技與社會」〉。《通識教育》7（4）：39-58。

林崇熙（2008）。〈科技就是風險〉。《科學發展》421：60-63。

林崇熙（2011）。〈不負責任的知識－對環境評估的知識論考察〉。「第三屆STS年會」，台北市，5月。

周任芸（譯）Brian Wynne（原著）（2007）。〈風險社會、不確定性和科學民主化：STS的未來〉。《科技、醫療與社會》5：15-42。

周桂田（2000）。〈生物科技產業與社會風險：遲滯型高科技風險社會〉。《台灣社會研究季刊》39：239-283。

周桂田（2002）。〈在地化風險之實踐與理論缺口－遲滯型高科技風險社會〉。《台灣社會研究季刊》45：89-129。

周桂田（2004）。〈獨大的科學理性與隱沒（默）的社會理性之「對話」——在地公眾、科學專家與國家的風險文化之探討〉。《台灣社會研究季刊》56：1-64。

周桂田（2005a）。〈知識，科學與不確定性－專家與科技系統的「無知」如何建構風險〉。《政治與社會哲學評論》13：131-180。

周桂田（2005b）。〈爭議性科技之風險溝通－以基因改造工程為思考點〉。《生物科技與法律研究通訊》18：42-50。

周桂田（2008）。〈全球在地化風險典範之衝突－生物特徵辨識作為全球鐵的牢籠〉。《政治與社會哲學評論》24：101-189。

周桂田（2009）。〈科學專業主義的治理問題：SARS、H1N1、Dioxin、BSE、Melamine的管制科學與文化〉。「醫療、科技與台灣社會」工作坊研討會，台北市，11月。

周桂田（2013）。〈全球化風險挑戰下發展型國家之治理創新——以台灣公民知識監督決策為分析〉。《政治與社會哲學評論》44：65-148。

周桂田等（2014）。《永續之殤—從高雄氣爆解析環境正義與轉型怠惰》。台北市：五南圖書。

柯三吉、陳啓清、賴沅暉、衛民、張執中、黃榮源、張惠堂、李有容（2010）。《我國環境風險評估之公眾參與和專家代理機制探討》。環保署委託計畫報告，編號：EPA-099-E101-02-220。取自：http://epq.epa.gov.tw/project/projectcp.aspx?proj_id=0997827713

范玫芳（2008）。〈科技，民主與公民身份：安坑灰渣掩埋場設置爭議之個案研究〉。《臺灣政治學刊》12（1）：185-227。

胡湘玲（1995）。《核工專家 VS. 反核專家》。台北市：前衛。

徐世榮、許紹峰（2001）。〈以民眾觀點探討環境影響評估制度〉。《台灣土地研究》2：101-130。

徐進鈺（1989）。〈台灣石化工業區位衝突之分析 以宜蘭反六輕運動為例〉。台北市：國立台灣大學建城學研究所碩士學位論文。

高以文（1993）。〈第六座輕油裂解廠（六輕）社會面環境影響評估——以麥寮鄉為例〉。嘉義縣：國立中正大學社會福利研究所碩士學位論文。

陳仲嶙（2010）。〈環評撤銷後的開發許可效力—評環保署拒絕令中科三期停工〉。《台灣法學雜誌》149：29-34。

陳志瑋（2004）。〈行政課責與地方治理能力的提昇〉。《政策研究學報》4：23-46。

陳秉亨（2005）。〈六輕設廠歷程中的正義問題探究〉。台中市：靜宜大學生態研究所碩士學位論文。

陳俊宏（1998）。〈永續發展與民主：審議式民主理論初探〉。《東吳政治學報》9：85-122。

陳信行（2011）。〈公害、職災與科學—RCA專輯導言〉。《科技、醫療與社會》12：11-16。

陳建仁、周柏彣（2012）。〈都市內分權與環境治理機制—以台中市大雪山社區為

例〉。《臺灣民主季刊》9（2）：125-165。

陳聯平（1994）。〈六輕設廠環境及社會影響評估分析〉。台北市：私立中國文化大學政治學研究所碩士學位論文。

張其祿（2007）。《管制行政：理論與經驗分析》。台北市：商鼎文化。

張英華（1993）。〈以五、六輕設廠經過回顧分析國內環境影響評估制度推行之成效〉。台北市：國立臺灣大學環工所碩士學位論文。

張國暉（2013）。〈當核能系統轉化爲科技政體：冷戰下的國際政治與核能發展〉。《科技、醫療與社會》16：103-160。

黃光廷、黃舒楣（譯），Jim Diers（原著）（2009）。《社區力量—西雅圖的社區營造實踐》，台北：洪葉。

黃光輝（2006）。《環境評估與管理導論》。新北市：高立。

黃錦堂（1994）。《台灣地區環境法之研究》。台北市：月旦。

黃源銘（2010）。〈論專家學者參與公共事務之法律地位—以行政法與刑法觀點爲中心〉。《臺北大學法學論叢》75：1-51。

黃郁芩（2013）。〈核能科技官僚對風險溝通及科技民主化之觀點分析〉。台北市：國立政治大學公共行政所碩士論文。

許靜娟（2009）。〈環境運動與環評制度的合作與矛盾：以第六屆環境影響評估委員會爲個案〉。台北市：國立台灣大學建築與城鄉研究所碩士論文。

湯京平（1999）。〈鄰避性環境衝突管理的制度與策略—以理性選擇與交易成本理論分析六輕建廠與拜耳投資案〉。《政治科學論叢》10：355-82。

湯京平（2002）。〈環境保護與地方政治：北高兩市環保官員對於影響執法因素的認知調查〉。《台灣政治學刊》6：138-183。

湯京平、邱崇原（2010）。〈專業與民主：台灣環境影響評估制度的運作與調適〉。《公共行政學報》35：1-28。

傅玲靜（2010）。〈論環境影響評估審查與開發行爲許可之關係〉。《興大法學》7：209-273。

曾冠球（2004）。〈基層官僚人員裁量行爲之初探：以台北市區公所組織爲例〉。《行政暨政策學報》38：95-140。

曾家宏、張長義（1997）。〈誰是民眾、如何參與？論目前民眾參與環境影響評估之困境〉。《工程》80（1）：47-59。

雷祥麟（2002）。〈劇變中的科技，民主與社會：STS（科技與社會研究）的挑

戰〉。《臺灣社會研究》45：123-171。

詹嘉瑋（2007）。〈六輕離島工業區對空氣品質之影響評估研究〉。雲林縣：國立
　　雲林科技大學環境與安全衛生工程研究所碩士學位論文。

葉俊榮（1993）。〈環境影響評估的公共參與—法規範的要求與現實的考慮〉。
　　《經社法制論叢》11：17-42。

葉俊榮（2010）。《環境政策與法律》。台北市：元照。

廖俊松、張力亞（2010）。〈臺灣地方治理的理想與實踐：英國經驗的借鏡〉。
　　《公共事務評論》11（2）：17-50。

蕭欣怡（2009）。〈六輕工業區鄰近地區空氣污染及居民健康風險評估〉。台北
　　市：國立臺灣大學環境衛生研究所碩士學位論文。

羅清俊、郭益玟（2012）。〈管制政策的分配政治特質：台灣環境保護訴願決定的
　　實證分析〉。《行政暨政策學報》54：1-40。

蘇偉業（譯），Kevin B. Smith and Christopher W. Larimer（原著）（2010）。《公
　　共政策入門》。台北市：五南圖書。

國家圖書館出版品預行編目資料

環境風險與公共治理—探索台灣環境民主實踐
之道／杜文苓著. — 初版. — 臺北市：五
南, 2015.04
　　面；　公分.
ISBN 978-957-11-8038-0（平裝）

1.科技業　2.環境保護　3.風險管理

484　　　　　　　　　　104002395

1PAJ

環境風險與公共治理
——探索台灣環境民主實踐之道

作　　者 — 杜文苓（100.4）

發 行 人 — 楊榮川

總 編 輯 — 王翠華

主　　編 — 劉靜芬

責任編輯 — 張婉婷

封面設計 — P.Design視覺企劃

出 版 者 — 五南圖書出版股份有限公司

地　　址：106台北市大安區和平東路二段339號4樓

電　　話：(02) 2705-5066　　傳　　真：(02) 2706-6100

網　　址：http://www.wunan.com.tw

電子郵件：wunan@wunan.com.tw

劃撥帳號：01068953

戶　　名：五南圖書出版股份有限公司

台中市駐區辦公室／台中市中區中山路6號

電　　話：(04) 2223-0891　　傳　　真：(04) 2223-3549

高雄市駐區辦公室／高雄市新興區中山一路290號

電　　話：(07) 2358-702　　傳　　真：(07) 2350-236

法律顧問　林勝安律師事務所　林勝安律師

出版日期　2015年4月初版一刷

定　　價　新臺幣380元